ミス数真相解明

著者　サイ　ヤスシ

前書き　　2023年5月

著者　サイ　ヤスシ

素数学問は古くから提起され、未解決課題が多い最も有名な学問である

私は学生時代から素数課題が一番目の趣味思考であり、以前から世間多く素数学問解題/解説の中で多数の偏差点存在に気が付き、例えば：

1）前8個の素数（2、3、5、7と11、13、17、19）はそれ以降の他とは明らかに違う独自性がある

2）素数定義の反面理解で、非素数が全て計算可能である結論が得られる為、計算可能な項目においてもし規則的条件の存在があればこれらの反面で見られるものが素数の条件となるではないか

3）ほかにも複数偏差点の存在がある

一方で以前からこれら偏差の修正研究が無く、数十年経った今も研究面の拡大、偏差修正解説等が相変わらず見当たらないままである

私は 2021 年後半から以前の認識に続き課題の偏差修正に対する思考を再開し、独特観点が形成し、重なった成果を纏めて見ると素数課題全般に繋がる解明が出来たと確信した為素数真相解明の作文を開始しました。

私は普通市民であり、雑誌への投稿条件に満たせない為、ご協力可能かを相談したところ、100%信じてもらえなかった経験も数回あり、自主発表する事を決めました。

私の解明は最初に数値順の背景規則性を判明した事に続き、素数、双子素数、非素数の全般にわたる課題真相や計算式の解明が出来た事である
特に《素数出現率》と正確結果を出す計算式解明は背景規則性に対する検証証しでもある意味が大きい為　公開文を書き上げました。

素数課題が難しくない趣味の読本としてお読み頂ければとても幸いです

著者

目次

要約

一．素数定義：

１と自身数以外に割切れる約数がない正の整数が素数である

二．素数（双子素数を含む）学問でよく知られる主な課題：

1）素数が無限に存在するか

2）素数出現が気まぐれであり、規則性が見当たらない

3）素数（双子素数を含む）の出現と分布を計算する事が出来るか

4）何故数値は大きくなればなるほど素数の数が希薄になるか

5）既知最大素数に新規追加の数値範囲内に新/未知最大素数が必ず存在するか

6）他にも有名な未解明課題が多数ある

三．上記を含む素数課題は私の解明内容により全て解決可能となる

特に第１節、第２節、第５節と第７節により　素数出現メカニズム、双子素数形成原理が一目瞭然に見られ、今迄多くの計算難題が容易に解決される

第１節　連続型縦リスト展開で見る素数真相

（副題：素数課題の背景規則性が見られる）

一．連続型縦リストとは末桁数が 1、3、5、7、9 の順で繰り返し循環で縦方向に伸ばしていく奇数順リストである

例えば 11
13
15
17
19
21
23
25
27
29
31
33
35
37
39
41
・・・
・・・
任意指定の大きい数値迄続く。

（視覚し易い為末桁数 5 の行を保留状でリスト数値を展開する）

二．連続型縦リストをご参照下さい（第一節の添付　連続型縦リスト）

リスト数値背景が一目瞭然に見られ、黄色い線の表示が素数の背景表現であり、素数定義の表れ（割切れない結果）である

第1節の添付　連続型縦リスト

1）−1　リスト中色表示の意味

① 素数であり、割切れない結果小数点位置揃いの行が出現である

② 双子素数であり　素数確定となる行が上下2連続形成である

③ 非素数であり、二整数掛算の結果時点であり、1つでもあれば非素数確定となる

④ リスト数値は非素数であり、ブルー色の行に反映されたリスト数値である

⑤ 末桁数5の行であり、比較し易い為保留状のリスト展開である

1）− 2　連続型縦リスト

1 数値範囲：11−1443 （37x39）

2	外倍個数：		1	2	3	4	5	6	7	8	9	10
3	横向外倍		3	7	11	13	17	19	23	29	31	37
4	個数	①		②	③	④	⑤	⑥	⑦	⑧	⑨	⑩
5			下向内倍	7	11	13	17	19	23	29	31	37
6	リスト数値順		内倍メモリ inside	7	11	13	17	19	23	29	31	37
	11	3	3.666667	7	11	1 13	17	19	23	29	31	37
	13	3	4.333333	7	11	13	1 17	19	23	29	31	37
	15	3	5	7	11	13	17	19	23	29	31	37
	17	3	5.666667	7	11	13	17	1 19	23	29	31	37

19	3	6.333333	7		11		13		17		19	1	23		29		31		37	
21	3	7	7	3	11		13		17		19		23		29		31		37	
23	3	7.666667	7		11		13		17		19		23	1	29		31		37	
25	3	8.333333	7		11		13		17		19		23		29		31		37	
27	3	9	7		11		13		17		19		23		29		31		37	
29	3	9.666667	7		11		13		17		19		23		29	1	31		37	
31	3	10.33333	7		11		13		17		19		23		29		31	1	37	
33	3	11	7		11	3	13		17		19		23		29		31		37	
35	3	11.66667	7	5	11		13		17		19		23		29		31		37	
37	3	12.33333	7		11		13		17		19		23		29		31		37	1
39	3	13	7		11		13	3	17		19		23		29		31		37	
41	3	13.66667	7		11		13		17		19		23		29		31		37	
43	3	14.33333	7		11		13		17		19		23		29		31		37	
45	3	15	7		11		13		17		19		23		29		31		37	
47	3	15.66667	7		11		13		17		19		23		29		31		37	
49	3	16.33333	7	7	11		13		17		19		23		29		31		37	
51	3	17	7	7.2857	11		13		17	3	19		23		29		31		37	
53	3	17.66667	7	7.5714	11		13		17		19		23		29		31		37	
55	3	18.33333	7	7.8571	11	5	13		17		19		23		29		31		37	
57	3	19	7	8.1429	11		13		17		19	3	23		29		31		37	
59	3	19.66667	7	8.4286	11		13		17		19		23		29		31		37	
61	3	20.33333	7	8.7143	11		13		17		19		23		29		31		37	
63	3	21	7	9	11		13		17		19		23		29		31		37	
65	3	21.66667	7	9.2857	11		13	5	17		19		23		29		31		37	
67	3	22.33333	7	9.5714	11		13		17		19		23		29		31		37	
69	3	23	7	9.8571	11		13		17		19		23	3	29		31		37	
71	3	23.66667	7	10.143	11		13		17		19		23		29		31		37	
73	3	24.33333	7	10.429	11		13		17		19		23		29		31		37	
75	3	25	7	10.714	11		13		17		19		23		29		31		37	
77	3	25.66667	7	11	11	7	13		17		19		23		29		31		37	
79	3	26.33333	7	11.286	11		13		17		19		23		29		31		37	
81	3	27	7	11.571	11		13		17		19		23		29		31		37	
83	3	27.66667	7	11.857	11		13		17		19		23		29		31		37	

85	3	28.33333	7	12.143	11		13		17	5	19		23		29		31		37	
87	3	29	7	12.429	11		13		17		19		23		29	3	31		37	
89	3	29.66667	7	12.714	11		13		17		19		23		29		31		37	
91	3	30.33333	7	13	11		13	7	17		19		23		29		31		37	
93	3	31	7	13.286	11		13		17		19		23		29		31	3	37	
95	3	31.66667	7	13.571	11		13		17		19	5	23		29		31		37	
97	3	32.33333	7	13.857	11		13		17		19		23		29		31		37	
99	3	33	7	14.143	11	9	13		17		19		23		29		31		37	
101	3	33.66667	7	14.429	11		13		17		19		23		29		31		37	
103	3	34.33333	7	14.714	11		13		17		19		23		29		31		37	
105	3	35	7	15	11		13		17		19		23		29		31		37	
107	3	35.66667	7	15.286	11		13		17		19		23		29		31		37	
109	3	36.33333	7	15.571	11		13		17		19		23		29		31		37	
111	3	37	7	15.857	11		13		17		19		23		29		31		37	3
113	3	37.66667	7	16.143	11		13		17		19		23		29		31		37	
115	3	38.33333	7	16.429	11		13		17		19		23	5	29		31		37	
117	3	39	7	16.714	11		13	9	17		19		23		29		31		37	
119	3	39.66667	7	17	11		13		17	7	19		23		29		31		37	
121	3	40.33333	7	17.286	11	11	13		17		19		23		29		31		37	
123	3	41	7	17.571	11	11.18	13		17		19		23		29		31		37	
125	3	41.66667	7	17.857	11	11.36	13		17		19		23		29		31		37	
127	3	42.33333	7	18.143	11	11.55	13		17		19		23		29		31		37	
129	3	43	7	18.429	11	11.73	13		17		19		23		29		31		37	
131	3	43.66667	7	18.714	11	11.91	13		17		19		23		29		31		37	
133	3	44.33333	7	19	11	12.09	13		17		19	7	23		29		31		37	
135	3	45	7	19.286	11	12.27	13		17		19		23		29		31		37	
137	3	45.66667	7	19.571	11	12.45	13		17		19		23		29		31		37	
139	3	46.33333	7	19.857	11	12.64	13		17		19		23		29		31		37	
141	3	47	7	20.143	11	12.82	13		17		19		23		29		31		37	
143	3	47.66667	7	20.429	11	13	13	11	17		19		23		29		31		37	
145	3	48.33333	7	20.714	11	13.18	13		17		19		23		29	5	31		37	
147	3	49	7	21	11	13.36	13		17		19		23		29		31		37	
149	3	49.66667	7	21.286	11	13.55	13		17		19		23		29		31		37	

151	3	50.33333	7	21.571	11	13.73	13		17		19		23		29		31		37	
153	3	51	7	21.857	11	13.91	13		17	9	19		23		29		31		37	
155	3	51.66667	7	22.143	11	14.09	13		17		19		23		29		31	5	37	
157	3	52.33333	7	22.429	11	14.27	13		17		19		23		29		31		37	
159	3	53	7	22.714	11	14.45	13		17		19		23		29		31		37	
161	3	53.66667	7	23	11	14.64	13		17		19		23	7	29		31		37	
163	3	54.33333	7	23.286	11	14.82	13		17		19		23		29		31		37	
165	3	55	7	23.571	11	15	13		17		19		23		29		31		37	
167	3	55.66667	7	23.857	11	15.18	13		17		19		23		29		31		37	
169	3	56.33333	7	24.143	11	15.36	13	13	17		19		23		29		31		37	
171	3	57	7	24.429	11	15.55	13	13.15	17		19	9	23		29		31		37	
173	3	57.66667	7	24.714	11	15.73	13	13.31	17		19		23		29		31		37	
175	3	58.33333	7	25	11	15.91	13	13.46	17		19		23		29		31		37	
177	3	59	7	25.286	11	16.09	13	13.62	17		19		23		29		31		37	
179	3	59.66667	7	25.571	11	16.27	13	13.77	17		19		23		29		31		37	
181	3	60.33333	7	25.857	11	16.45	13	13.92	17		19		23		29		31		37	
183	3	61	7	26.143	11	16.64	13	14.08	17		19		23		29		31		37	
185	3	61.66667	7	26.429	11	16.82	13	14.23	17		19		23		29		31		37	5
187	3	62.33333	7	26.714	11	17	13	14.38	17	11	19		23		29		31		37	
189	3	63	7	27	11	17.18	13	14.54	17		19		23		29		31		37	
191	3	63.66667	7	27.286	11	17.36	13	14.69	17		19		23		29		31		37	
193	3	64.33333	7	27.571	11	17.55	13	14.85	17		19		23		29		31		37	
195	3	65	7	27.857	11	17.73	13	15	17		19		23		29		31		37	
197	3	65.66667	7	28.143	11	17.91	13	15.15	17		19		23		29		31		37	
199	3	66.33333	7	28.429	11	18.09	13	15.31	17		19		23		29		31		37	
201	3	67	7	28.714	11	18.27	13	15.46	17		19		23		29		31		37	
203	3	67.66667	7	29	11	18.45	13	15.62	17		19		23		29	7	31		37	
205	3	68.33333	7	29.286	11	18.64	13	15.77	17		19		23		29		31		37	
207	3	69	7	29.571	11	18.82	13	15.92	17		19		23	9	29		31		37	
209	3	69.66667	7	29.857	11	19	13	16.08	17		19	11	23		29		31		37	
211	3	70.33333	7	30.143	11	19.18	13	16.23	17		19		23		29		31		37	
213	3	71	7	30.429	11	19.36	13	16.38	17		19		23		29		31		37	
215	3	71.66667	7	30.714	11	19.55	13	16.54	17		19		23		29		31		37	

217	3	72.33333	7	31	11	19.73	13	16.69	17		19		23		29		31	7	37	
219	3	73	7	31.286	11	19.91	13	16.85	17		19		23		29		31		37	
221	3	73.66667	7	31.571	11	20.09	13	17	17	13	19		23		29		31		37	
223	3	74.33333	7	31.857	11	20.27	13	17.15	17		19		23		29		31		37	
225	3	75	7	32.143	11	20.45	13	17.31	17		19		23		29		31		37	
227	3	75.66667	7	32.429	11	20.64	13	17.46	17		19		23		29		31		37	
229	3	76.33333	7	32.714	11	20.82	13	17.62	17		19		23		29		31		37	
231	3	77	7	33	11	21	13	17.77	17		19		23		29		31		37	
233	3	77.66667	7	33.286	11	21.18	13	17.92	17		19		23		29		31		37	
235	3	78.33333	7	33.571	11	21.36	13	18.08	17		19		23		29		31		37	
237	3	79	7	33.857	11	21.55	13	18.23	17		19		23		29		31		37	
239	3	79.66667	7	34.143	11	21.73	13	18.38	17		19		23		29		31		37	
241	3	80.33333	7	34.429	11	21.91	13	18.54	17		19		23		29		31		37	
243	3	81	7	34.714	11	22.09	13	18.69	17		19		23		29		31		37	
245	3	81.66667	7	35	11	22.27	13	18.85	17		19		23		29		31		37	
247	3	82.33333	7	35.286	11	22.45	13	19	17		19	13	23		29		31		37	
249	3	83	7	35.571	11	22.64	13	19.15	17		19		23		29		31		37	
251	3	83.66667	7	35.857	11	22.82	13	19.31	17		19		23		29		31		37	
253	3	84.33333	7	36.143	11	23	13	19.46	17		19		23	11	29		31		37	
255	3	85	7	36.429	11	23.18	13	19.62	17	15	19		23		29		31		37	
257	3	85.66667	7	36.714	11	23.36	13	19.77	17		19		23		29		31		37	
259	3	86.33333	7	37	11	23.55	13	19.92	17		19		23		29		31		37	7
261	3	87	7	37.286	11	23.73	13	20.08	17		19		23		29	9	31		37	
263	3	87.66667	7	37.571	11	23.91	13	20.23	17		19		23		29		31		37	
265	3	88.33333	7	37.857	11	24.09	13	20.38	17		19		23		29		31		37	
267	3	89	7	38.143	11	24.27	13	20.54	17		19		23		29		31		37	
269	3	89.66667	7	38.429	11	24.45	13	20.69	17		19		23		29		31		37	
271	3	90.33333	7	38.714	11	24.64	13	20.85	17		19		23		29		31		37	
273	3	91	7	39	11	24.82	13	21	17		19		23		29		31		37	
275	3	91.66667	7	39.286	11	25	13	21.15	17		19		23		29		31		37	
277	3	92.33333	7	39.571	11	25.18	13	21.31	17		19		23		29		31		37	
279	3	93	7	39.857	11	25.36	13	21.46	17		19		23		29		31	9	37	
281	3	93.66667	7	40.143	11	25.55	13	21.62	17		19		23		29		31		37	

283	3	94.33333	7	40.429	11	25.73	13	21.77	17		19		23		29		31		37	
285	3	95	7	40.714	11	25.91	13	21.92	17		19	15	23		29		31		37	
287	3	95.66667	7	41	11	26.09	13	22.08	17		19		23		29		31		37	
289	3	96.33333	7	41.286	11	26.27	13	22.23	17	17	19		23		29		31		37	
291	3	97	7	41.571	11	26.45	13	22.38	17	17.1	19		23		29		31		37	
293	3	97.66667	7	41.857	11	26.64	13	22.54	17	17.2	19		23		29		31		37	
295	3	98.33333	7	42.143	11	26.82	13	22.69	17	17.4	19		23		29		31		37	
297	3	99	7	42.429	11	27	13	22.85	17	17.5	19		23		29		31		37	
299	3	99.66667	7	42.714	11	27.18	13	23	17	17.6	19		23	13	29		31		37	
301	3	100.3333	7	43	11	27.36	13	23.15	17	17.7	19		23		29		31		37	
303	3	101	7	43.286	11	27.55	13	23.31	17	17.8	19		23		29		31		37	
305	3	101.6667	7	43.571	11	27.73	13	23.46	17	17.9	19		23		29		31		37	
307	3	102.3333	7	43.857	11	27.91	13	23.62	17	18.1	19		23		29		31		37	
309	3	103	7	44.143	11	28.09	13	23.77	17	18.2	19		23		29		31		37	
311	3	103.6667	7	44.429	11	28.27	13	23.92	17	18.3	19		23		29		31		37	
313	3	104.3333	7	44.714	11	28.45	13	24.08	17	18.4	19		23		29		31		37	
315	3	105	7	45	11	28.64	13	24.23	17	18.5	19		23		29		31		37	
317	3	105.6667	7	45.286	11	28.82	13	24.38	17	18.6	19		23		29		31		37	
319	3	106.3333	7	45.571	11	29	13	24.54	17	18.8	19		23		29	11	31		37	
321	3	107	7	45.857	11	29.18	13	24.69	17	18.9	19		23		29		31		37	
323	3	107.6667	7	46.143	11	29.36	13	24.85	17	19	19	17	23		29		31		37	
325	3	108.3333	7	46.429	11	29.55	13	25	17	19.1	19		23		29		31		37	
327	3	109	7	46.714	11	29.73	13	25.15	17	19.2	19		23		29		31		37	
329	3	109.6667	7	47	11	29.91	13	25.31	17	19.4	19		23		29		31		37	
331	3	110.3333	7	47.286	11	30.09	13	25.46	17	19.5	19		23		29		31		37	
333	3	111	7	47.571	11	30.27	13	25.62	17	19.6	19		23		29		31		37	9
335	3	111.6667	7	47.857	11	30.45	13	25.77	17	19.7	19		23		29		31		37	
337	3	112.3333	7	48.143	11	30.64	13	25.92	17	19.8	19		23		29		31		37	
339	3	113	7	48.429	11	30.82	13	26.08	17	19.9	19		23		29		31		37	
341	3	113.6667	7	48.714	11	31	13	26.23	17	20.1	19		23		29		31	11	37	
343	3	114.3333	7	49	11	31.18	13	26.38	17	20.2	19		23		29		31		37	
345	3	115	7	49.286	11	31.36	13	26.54	17	20.3	19		23	15	29		31		37	
347	3	115.6667	7	49.571	11	31.55	13	26.69	17	20.4	19		23		29		31		37	

349	3	116.3333	7	49.857	11	31.73	13	26.85	17	20.5	19		23		29		31		37	
351	3	117	7	50.143	11	31.91	13	27	17	20.6	19		23		29		31		37	
353	3	117.6667	7	50.429	11	32.09	13	27.15	17	20.8	19		23		29		31		37	
355	3	118.3333	7	50.714	11	32.27	13	27.31	17	20.9	19		23		29		31		37	
357	3	119	7	51	11	32.45	13	27.46	17	21	19		23		29		31		37	
359	3	119.6667	7	51.286	11	32.64	13	27.62	17	21.1	19		23		29		31		37	
361	3	120.3333	7	51.571	11	32.82	13	27.77	17	21.2	19	19	23		29		31		37	
363	3	121	7	51.857	11	33	13	27.92	17	21.4	19	19.11	23		29		31		37	
365	3	121.6667	7	52.143	11	33.18	13	28.08	17	21.5	19	19.21	23		29		31		37	
367	3	122.3333	7	52.429	11	33.36	13	28.23	17	21.6	19	19.32	23		29		31		37	
369	3	123	7	52.714	11	33.55	13	28.38	17	21.7	19	19.42	23		29		31		37	
371	3	123.6667	7	53	11	33.73	13	28.54	17	21.8	19	19.53	23		29		31		37	
373	3	124.3333	7	53.286	11	33.91	13	28.69	17	21.9	19	19.63	23		29		31		37	
375	3	125	7	53.571	11	34.09	13	28.85	17	22.1	19	19.74	23		29		31		37	
377	3	125.6667	7	53.857	11	34.27	13	29	17	22.2	19	19.84	23		29	13	31		37	
379	3	126.3333	7	54.143	11	34.45	13	29.15	17	22.3	19	19.95	23		29		31		37	
381	3	127	7	54.429	11	34.64	13	29.31	17	22.4	19	20.05	23		29		31		37	
383	3	127.6667	7	54.714	11	34.82	13	29.46	17	22.5	19	20.16	23		29		31		37	
385	3	128.3333	7	55	11	35	13	29.62	17	22.6	19	20.26	23		29		31		37	
387	3	129	7	55.286	11	35.18	13	29.77	17	22.8	19	20.37	23		29		31		37	
389	3	129.6667	7	55.571	11	35.36	13	29.92	17	22.9	19	20.47	23		29		31		37	
391	3	130.3333	7	55.857	11	35.55	13	30.08	17	23	19	20.58	23	17	29		31		37	
393	3	131	7	56.143	11	35.73	13	30.23	17	23.1	19	20.68	23		29		31		37	
395	3	131.6667	7	56.429	11	35.91	13	30.38	17	23.2	19	20.79	23		29		31		37	
397	3	132.3333	7	56.714	11	36.09	13	30.54	17	23.4	19	20.89	23		29		31		37	
399	3	133	7	57	11	36.27	13	30.69	17	23.5	19	21	23		29		31		37	
401	3	133.6667	7	57.286	11	36.45	13	30.85	17	23.6	19	21.11	23		29		31		37	
403	3	134.3333	7	57.571	11	36.64	13	31	17	23.7	19	21.21	23		29		31	13	37	
405	3	135	7	57.857	11	36.82	13	31.15	17	23.8	19	21.32	23		29		31		37	
407	3	135.6667	7	58.143	11	37	13	31.31	17	23.9	19	21.42	23		29		31		37	11
409	3	136.3333	7	58.429	11	37.18	13	31.46	17	24.1	19	21.53	23		29		31		37	
411	3	137	7	58.714	11	37.36	13	31.62	17	24.2	19	21.63	23		29		31		37	
413	3	137.6667	7	59	11	37.55	13	31.77	17	24.3	19	21.74	23		29		31		37	

415		3	138.3333	7	59.286	11	37.73	13	31.92	17	24.4	19	21.84	23		29		31		37
417		3	139	7	59.571	11	37.91	13	32.08	17	24.5	19	21.95	23		29		31		37
419		3	139.6667	7	59.857	11	38.09	13	32.23	17	24.6	19	22.05	23		29		31		37
421		3	140.3333	7	60.143	11	38.27	13	32.38	17	24.8	19	22.16	23		29		31		37
423		3	141	7	60.429	11	38.45	13	32.54	17	24.9	19	22.26	23		29		31		37
425		3	141.6667	7	60.714	11	38.64	13	32.69	17	25	19	22.37	23		29		31		37
427		3	142.3333	7	61	11	38.82	13	32.85	17	25.1	19	22.47	23		29		31		37
429		3	143	7	61.286	11	39	13	33	17	25.2	19	22.58	23		29		31		37
431		3	143.6667	7	61.571	11	39.18	13	33.15	17	25.4	19	22.68	23		29		31		37
433		3	144.3333	7	61.857	11	39.36	13	33.31	17	25.5	19	22.79	23		29		31		37
435		3	145	7	62.143	11	39.55	13	33.46	17	25.6	19	22.89	23		29	15	31		37
437		3	145.6667	7	62.429	11	39.73	13	33.62	17	25.7	19	23	23	19	29		31		37
439		3	146.3333	7	62.714	11	39.91	13	33.77	17	25.8	19	23.11	23		29		31		37
441		3	147	7	63	11	40.09	13	33.92	17	25.9	19	23.21	23		29		31		37
443		3	147.6667	7	63.286	11	40.27	13	34.08	17	26.1	19	23.32	23		29		31		37
445		3	148.3333	7	63.571	11	40.45	13	34.23	17	26.2	19	23.42	23		29		31		37
447		3	149	7	63.857	11	40.64	13	34.38	17	26.3	19	23.53	23		29		31		37
449		3	149.6667	7	64.143	11	40.82	13	34.54	17	26.4	19	23.63	23		29		31		37
451		3	150.3333	7	64.429	11	41	13	34.69	17	26.5	19	23.74	23		29		31		37
453		3	151	7	64.714	11	41.18	13	34.85	17	26.6	19	23.84	23		29		31		37
455		3	151.6667	7	65	11	41.36	13	35	17	26.8	19	23.95	23		29		31		37
457		3	152.3333	7	65.286	11	41.55	13	35.15	17	26.9	19	24.05	23		29		31		37
459		3	153	7	65.571	11	41.73	13	35.31	17	27	19	24.16	23		29		31		37
461		3	153.6667	7	65.857	11	41.91	13	35.46	17	27.1	19	24.26	23		29		31		37
463		3	154.3333	7	66.143	11	42.09	13	35.62	17	27.2	19	24.37	23		29		31		37
465		3	155	7	66.429	11	42.27	13	35.77	17	27.4	19	24.47	23		29		31	15	37
467		3	155.6667	7	66.714	11	42.45	13	35.92	17	27.5	19	24.58	23		29		31		37
469		3	156.3333	7	67	11	42.64	13	36.08	17	27.6	19	24.68	23		29		31		37
471		3	157	7	67.286	11	42.82	13	36.23	17	27.7	19	24.79	23		29		31		37
473		3	157.6667	7	67.571	11	43	13	36.38	17	27.8	19	24.89	23		29		31		37
475		3	158.3333	7	67.857	11	43.18	13	36.54	17	27.9	19	25	23		29		31		37
477		3	159	7	68.143	11	43.36	13	36.69	17	28.1	19	25.11	23		29		31		37
479		3	159.6667	7	68.429	11	43.55	13	36.85	17	28.2	19	25.21	23		29		31		37

481		3	160.3333	7	68.714	11	43.73	13	37	17	28.3	19	25.32	23		29		31		37	13
483		3	161	7	69	11	43.91	13	37.15	17	28.4	19	25.42	23	21	29		31		37	
485		3	161.6667	7	69.286	11	44.09	13	37.31	17	28.5	19	25.53	23		29		31		37	
487		3	162.3333	7	69.571	11	44.27	13	37.46	17	28.6	19	25.63	23		29		31		37	
489		3	163	7	69.857	11	44.45	13	37.62	17	28.8	19	25.74	23		29		31		37	
491		3	163.6667	7	70.143	11	44.64	13	37.77	17	28.9	19	25.84	23		29		31		37	
493		3	164.3333	7	70.429	11	44.82	13	37.92	17	29	19	25.95	23		29	17	31		37	
495		3	165	7	70.714	11	45	13	38.08	17	29.1	19	26.05	23		29		31		37	
497		3	165.6667	7	71	11	45.18	13	38.23	17	29.2	19	26.16	23		29		31		37	
499		3	166.3333	7	71.286	11	45.36	13	38.38	17	29.4	19	26.26	23		29		31		37	
501		3	167	7	71.571	11	45.55	13	38.54	17	29.5	19	26.37	23		29		31		37	
503		3	167.6667	7	71.857	11	45.73	13	38.69	17	29.6	19	26.47	23		29		31		37	
505		3	168.3333	7	72.143	11	45.91	13	38.85	17	29.7	19	26.58	23		29		31		37	
507		3	169	7	72.429	11	46.09	13	39	17	29.8	19	26.68	23		29		31		37	
509		3	169.6667	7	72.714	11	46.27	13	39.15	17	29.9	19	26.79	23		29		31		37	
511		3	170.3333	7	73	11	46.45	13	39.31	17	30.1	19	26.89	23		29		31		37	
513		3	171	7	73.286	11	46.64	13	39.46	17	30.2	19	27	23		29		31		37	
515		3	171.6667	7	73.571	11	46.82	13	39.62	17	30.3	19	27.11	23		29		31		37	
517		3	172.3333	7	73.857	11	47	13	39.77	17	30.4	19	27.21	23		29		31		37	
519		3	173	7	74.143	11	47.18	13	39.92	17	30.5	19	27.32	23		29		31		37	
521		3	173.6667	7	74.429	11	47.36	13	40.08	17	30.6	19	27.42	23		29		31		37	
523		3	174.3333	7	74.714	11	47.55	13	40.23	17	30.8	19	27.53	23		29		31		37	
525		3	175	7	75	11	47.73	13	40.38	17	30.9	19	27.63	23		29		31		37	
527		3	175.6667	7	75.286	11	47.91	13	40.54	17	31	19	27.74	23		29		31	17	37	
529		3	176.3333	7	75.571	11	48.09	13	40.69	17	31.1	19	27.84	23	23	29		31		37	
531		3	177	7	75.857	11	48.27	13	40.85	17	31.2	19	27.95	23	23.1	29		31		37	
533		3	177.6667	7	76.143	11	48.45	13	41	17	31.4	19	28.05	23	23.2	29		31		37	
535		3	178.3333	7	76.429	11	48.64	13	41.15	17	31.5	19	28.16	23	23.3	29		31		37	
537		3	179	7	76.714	11	48.82	13	41.31	17	31.6	19	28.26	23	23.3	29		31		37	
539		3	179.6667	7	77	11	49	13	41.46	17	31.7	19	28.37	23	23.4	29		31		37	
541		3	180.3333	7	77.286	11	49.18	13	41.62	17	31.8	19	28.47	23	23.5	29		31		37	
543		3	181	7	77.571	11	49.36	13	41.77	17	31.9	19	28.58	23	23.6	29		31		37	
545		3	181.6667	7	77.857	11	49.55	13	41.92	17	32.1	19	28.68	23	23.7	29		31		37	

547	3	182.3333	7	78.143	11	49.73	13	42.08	17	32.2	19	28.79	23	23.8	29		31		37	
549	3	183	7	78.429	11	49.91	13	42.23	17	32.3	19	28.89	23	23.9	29		31		37	
551	3	183.6667	7	78.714	11	50.09	13	42.38	17	32.4	19	29	23	24	29	19	31		37	
553	3	184.3333	7	79	11	50.27	13	42.54	17	32.5	19	29.11	23	24	29		31		37	
555	3	185	7	79.286	11	50.45	13	42.69	17	32.6	19	29.21	23	24.1	29		31		37	15
557	3	185.6667	7	79.571	11	50.64	13	42.85	17	32.8	19	29.32	23	24.2	29		31		37	
559	3	186.3333	7	79.857	11	50.82	13	43	17	32.9	19	29.42	23	24.3	29		31		37	
561	3	187	7	80.143	11	51	13	43.15	17	33	19	29.53	23	24.4	29		31		37	
563	3	187.6667	7	80.429	11	51.18	13	43.31	17	33.1	19	29.63	23	24.5	29		31		37	
565	3	188.3333	7	80.714	11	51.36	13	43.46	17	33.2	19	29.74	23	24.6	29		31		37	
567	3	189	7	81	11	51.55	13	43.62	17	33.4	19	29.84	23	24.7	29		31		37	
569	3	189.6667	7	81.286	11	51.73	13	43.77	17	33.5	19	29.95	23	24.7	29		31		37	
571	3	190.3333	7	81.571	11	51.91	13	43.92	17	33.6	19	30.05	23	24.8	29		31		37	
573	3	191	7	81.857	11	52.09	13	44.08	17	33.7	19	30.16	23	24.9	29		31		37	
575	3	191.6667	7	82.143	11	52.27	13	44.23	17	33.8	19	30.26	23	25	29		31		37	
577	3	192.3333	7	82.429	11	52.45	13	44.38	17	33.9	19	30.37	23	25.1	29		31		37	
579	3	193	7	82.714	11	52.64	13	44.54	17	34.1	19	30.47	23	25.2	29		31		37	
581	3	193.6667	7	83	11	52.82	13	44.69	17	34.2	19	30.58	23	25.3	29		31		37	
583	3	194.3333	7	83.286	11	53	13	44.85	17	34.3	19	30.68	23	25.3	29		31		37	
585	3	195	7	83.571	11	53.18	13	45	17	34.4	19	30.79	23	25.4	29		31		37	
587	3	195.6667	7	83.857	11	53.36	13	45.15	17	34.5	19	30.89	23	25.5	29		31		37	
589	3	196.3333	7	84.143	11	53.55	13	45.31	17	34.6	19	31	23	25.6	29		31	19	37	
591	3	197	7	84.429	11	53.73	13	45.46	17	34.8	19	31.11	23	25.7	29		31		37	
593	3	197.6667	7	84.714	11	53.91	13	45.62	17	34.9	19	31.21	23	25.8	29		31		37	
595	3	198.3333	7	85	11	54.09	13	45.77	17	35	19	31.32	23	25.9	29		31		37	
597	3	199	7	85.286	11	54.27	13	45.92	17	35.1	19	31.42	23	26	29		31		37	
599	3	199.6667	7	85.571	11	54.45	13	46.08	17	35.2	19	31.53	23	26	29		31		37	
601	3	200.3333	7	85.857	11	54.64	13	46.23	17	35.4	19	31.63	23	26.1	29		31		37	
603	3	201	7	86.143	11	54.82	13	46.38	17	35.5	19	31.74	23	26.2	29		31		37	
605	3	201.6667	7	86.429	11	55	13	46.54	17	35.6	19	31.84	23	26.3	29		31		37	
607	3	202.3333	7	86.714	11	55.18	13	46.69	17	35.7	19	31.95	23	26.4	29		31		37	
609	3	203	7	87	11	55.36	13	46.85	17	35.8	19	32.05	23	26.5	29	21	31		37	
611	3	203.6667	7	87.286	11	55.55	13	47	17	35.9	19	32.16	23	26.6	29		31		37	

613		3	204.3333	7	87.571	11	55.73	13	47.15	17	36.1	19	32.26	23	26.7	29		31		37
615		3	205	7	87.857	11	55.91	13	47.31	17	36.2	19	32.37	23	26.7	29		31		37
617		3	205.6667	7	88.143	11	56.09	13	47.46	17	36.3	19	32.47	23	26.8	29		31		37
619		3	206.3333	7	88.429	11	56.27	13	47.62	17	36.4	19	32.58	23	26.9	29		31		37
621		3	207	7	88.714	11	56.45	13	47.77	17	36.5	19	32.68	23	27	29		31		37
623		3	207.6667	7	89	11	56.64	13	47.92	17	36.6	19	32.79	23	27.1	29		31		37
625		3	208.3333	7	89.286	11	56.82	13	48.08	17	36.8	19	32.89	23	27.2	29		31		37
627		3	209	7	89.571	11	57	13	48.23	17	36.9	19	33	23	27.3	29		31		37
629		3	209.6667	7	89.857	11	57.18	13	48.38	17	37	19	33.11	23	27.3	29		31		37	17
631		3	210.3333	7	90.143	11	57.36	13	48.54	17	37.1	19	33.21	23	27.4	29		31		37
633		3	211	7	90.429	11	57.55	13	48.69	17	37.2	19	33.32	23	27.5	29		31		37
635		3	211.6667	7	90.714	11	57.73	13	48.85	17	37.4	19	33.42	23	27.6	29		31		37
637		3	212.3333	7	91	11	57.91	13	49	17	37.5	19	33.53	23	27.7	29		31		37
639		3	213	7	91.286	11	58.09	13	49.15	17	37.6	19	33.63	23	27.8	29		31		37
641		3	213.6667	7	91.571	11	58.27	13	49.31	17	37.7	19	33.74	23	27.9	29		31		37
643		3	214.3333	7	91.857	11	58.45	13	49.46	17	37.8	19	33.84	23	28	29		31		37
645		3	215	7	92.143	11	58.64	13	49.62	17	37.9	19	33.95	23	28	29		31		37
647		3	215.6667	7	92.429	11	58.82	13	49.77	17	38.1	19	34.05	23	28.1	29		31		37
649		3	216.3333	7	92.714	11	59	13	49.92	17	38.2	19	34.16	23	28.2	29		31		37
651		3	217	7	93	11	59.18	13	50.08	17	38.3	19	34.26	23	28.3	29		31	21	37
653		3	217.6667	7	93.286	11	59.36	13	50.23	17	38.4	19	34.37	23	28.4	29		31		37
655		3	218.3333	7	93.571	11	59.55	13	50.38	17	38.5	19	34.47	23	28.5	29		31		37
657		3	219	7	93.857	11	59.73	13	50.54	17	38.6	19	34.58	23	28.6	29		31		37
659		3	219.6667	7	94.143	11	59.91	13	50.69	17	38.8	19	34.68	23	28.7	29		31		37
661		3	220.3333	7	94.429	11	60.09	13	50.85	17	38.9	19	34.79	23	28.7	29		31		37
663		3	221	7	94.714	11	60.27	13	51	17	39	19	34.89	23	28.8	29		31		37
665		3	221.6667	7	95	11	60.45	13	51.15	17	39.1	19	35	23	28.9	29		31		37
667		3	222.3333	7	95.286	11	60.64	13	51.31	17	39.2	19	35.11	23	29	29	23	31		37
669		3	223	7	95.571	11	60.82	13	51.46	17	39.4	19	35.21	23	29.1	29		31		37
671		3	223.6667	7	95.857	11	61	13	51.62	17	39.5	19	35.32	23	29.2	29		31		37
673		3	224.3333	7	96.143	11	61.18	13	51.77	17	39.6	19	35.42	23	29.3	29		31		37
675		3	225	7	96.429	11	61.36	13	51.92	17	39.7	19	35.53	23	29.3	29		31		37
677		3	225.6667	7	96.714	11	61.55	13	52.08	17	39.8	19	35.63	23	29.4	29		31		37

679	3	226.3333	7	97	11	61.73	13	52.23	17	39.9	19	35.74	23	29.5	29		31		37	
681	3	227	7	97.286	11	61.91	13	52.38	17	40.1	19	35.84	23	29.6	29		31		37	
683	3	227.6667	7	97.571	11	62.09	13	52.54	17	40.2	19	35.95	23	29.7	29		31		37	
685	3	228.3333	7	97.857	11	62.27	13	52.69	17	40.3	19	36.05	23	29.8	29		31		37	
687	3	229	7	98.143	11	62.45	13	52.85	17	40.4	19	36.16	23	29.9	29		31		37	
689	3	229.6667	7	98.429	11	62.64	13	53	17	40.5	19	36.26	23	30	29		31		37	
691	3	230.3333	7	98.714	11	62.82	13	53.15	17	40.6	19	36.37	23	30	29		31		37	
693	3	231	7	99	11	63	13	53.31	17	40.8	19	36.47	23	30.1	29		31		37	
695	3	231.6667	7	99.286	11	63.18	13	53.46	17	40.9	19	36.58	23	30.2	29		31		37	
697	3	232.3333	7	99.571	11	63.36	13	53.62	17	41	19	36.68	23	30.3	29		31		37	
699	3	233	7	99.857	11	63.55	13	53.77	17	41.1	19	36.79	23	30.4	29		31		37	
701	3	233.6667	7	100.14	11	63.73	13	53.92	17	41.2	19	36.89	23	30.5	29		31		37	
703	3	234.3333	7	100.43	11	63.91	13	54.08	17	41.4	19	37	23	30.6	29		31		37	19
705	3	235	7	100.71	11	64.09	13	54.23	17	41.5	19	37.11	23	30.7	29		31		37	
707	3	235.6667	7	101	11	64.27	13	54.38	17	41.6	19	37.21	23	30.7	29		31		37	
709	3	236.3333	7	101.29	11	64.45	13	54.54	17	41.7	19	37.32	23	30.8	29		31		37	
711	3	237	7	101.57	11	64.64	13	54.69	17	41.8	19	37.42	23	30.9	29		31		37	
713	3	237.6667	7	101.86	11	64.82	13	54.85	17	41.9	19	37.53	23	31	29		31	23	37	
715	3	238.3333	7	102.14	11	65	13	55	17	42.1	19	37.63	23	31.1	29		31		37	
717	3	239	7	102.43	11	65.18	13	55.15	17	42.2	19	37.74	23	31.2	29		31		37	
719	3	239.6667	7	102.71	11	65.36	13	55.31	17	42.3	19	37.84	23	31.3	29		31		37	
721	3	240.3333	7	103	11	65.55	13	55.46	17	42.4	19	37.95	23	31.3	29		31		37	
723	3	241	7	103.29	11	65.73	13	55.62	17	42.5	19	38.05	23	31.4	29		31		37	
725	3	241.6667	7	103.57	11	65.91	13	55.77	17	42.6	19	38.16	23	31.5	29	25	31		37	
727	3	242.3333	7	103.86	11	66.09	13	55.92	17	42.8	19	38.26	23	31.6	29		31		37	
729	3	243	7	104.14	11	66.27	13	56.08	17	42.9	19	38.37	23	31.7	29		31		37	
731	3	243.6667	7	104.43	11	66.45	13	56.23	17	43	19	38.47	23	31.8	29		31		37	
733	3	244.3333	7	104.71	11	66.64	13	56.38	17	43.1	19	38.58	23	31.9	29		31		37	
735	3	245	7	105	11	66.82	13	56.54	17	43.2	19	38.68	23	32	29		31		37	
737	3	245.6667	7	105.29	11	67	13	56.69	17	43.4	19	38.79	23	32	29		31		37	
739	3	246.3333	7	105.57	11	67.18	13	56.85	17	43.5	19	38.89	23	32.1	29		31		37	
741	3	247	7	105.86	11	67.36	13	57	17	43.6	19	39	23	32.2	29		31		37	
743	3	247.6667	7	106.14	11	67.55	13	57.15	17	43.7	19	39.11	23	32.3	29		31		37	

745	3	248.3333	7	106.43	11	67.73	13	57.31	17	43.8	19	39.21	23	32.4	29		31		37	
747	3	249	7	106.71	11	67.91	13	57.46	17	43.9	19	39.32	23	32.5	29		31		37	
749	3	249.6667	7	107	11	68.09	13	57.62	17	44.1	19	39.42	23	32.6	29		31		37	
751	3	250.3333	7	107.29	11	68.27	13	57.77	17	44.2	19	39.53	23	32.7	29		31		37	
753	3	251	7	107.57	11	68.45	13	57.92	17	44.3	19	39.63	23	32.7	29		31		37	
755	3	251.6667	7	107.86	11	68.64	13	58.08	17	44.4	19	39.74	23	32.8	29		31		37	
757	3	252.3333	7	108.14	11	68.82	13	58.23	17	44.5	19	39.84	23	32.9	29		31		37	
759	3	253	7	108.43	11	69	13	58.38	17	44.6	19	39.95	23	33	29		31		37	
761	3	253.6667	7	108.71	11	69.18	13	58.54	17	44.8	19	40.05	23	33.1	29		31		37	
763	3	254.3333	7	109	11	69.36	13	58.69	17	44.9	19	40.16	23	33.2	29		31		37	
765	3	255	7	109.29	11	69.55	13	58.85	17	45	19	40.26	23	33.3	29		31		37	
767	3	255.6667	7	109.57	11	69.73	13	59	17	45.1	19	40.37	23	33.3	29		31		37	
769	3	256.3333	7	109.86	11	69.91	13	59.15	17	45.2	19	40.47	23	33.4	29		31		37	
771	3	257	7	110.14	11	70.09	13	59.31	17	45.4	19	40.58	23	33.5	29		31		37	
773	3	257.6667	7	110.43	11	70.27	13	59.46	17	45.5	19	40.68	23	33.6	29		31		37	
775	3	258.3333	7	110.71	11	70.45	13	59.62	17	45.6	19	40.79	23	33.7	29		31	25	37	
777	3	259	7	111	11	70.64	13	59.77	17	45.7	19	40.89	23	33.8	29		31		37	21
779	3	259.6667	7	111.29	11	70.82	13	59.92	17	45.8	19	41	23	33.9	29		31		37	
781	3	260.3333	7	111.57	11	71	13	60.08	17	45.9	19	41.11	23	34	29		31		37	
783	3	261	7	111.86	11	71.18	13	60.23	17	46.1	19	41.21	23	34	29	27	31		37	
785	3	261.6667	7	112.14	11	71.36	13	60.38	17	46.2	19	41.32	23	34.1	29		31		37	
787	3	262.3333	7	112.43	11	71.55	13	60.54	17	46.3	19	41.42	23	34.2	29		31		37	
789	3	263	7	112.71	11	71.73	13	60.69	17	46.4	19	41.53	23	34.3	29		31		37	
791	3	263.6667	7	113	11	71.91	13	60.85	17	46.5	19	41.63	23	34.4	29		31		37	
793	3	264.3333	7	113.29	11	72.09	13	61	17	46.6	19	41.74	23	34.5	29		31		37	
795	3	265	7	113.57	11	72.27	13	61.15	17	46.8	19	41.84	23	34.6	29		31		37	
797	3	265.6667	7	113.86	11	72.45	13	61.31	17	46.9	19	41.95	23	34.7	29		31		37	
799	3	266.3333	7	114.14	11	72.64	13	61.46	17	47	19	42.05	23	34.7	29		31		37	
801	3	267	7	114.43	11	72.82	13	61.62	17	47.1	19	42.16	23	34.8	29		31		37	
803	3	267.6667	7	114.71	11	73	13	61.77	17	47.2	19	42.26	23	34.9	29		31		37	
805	3	268.3333	7	115	11	73.18	13	61.92	17	47.4	19	42.37	23	35	29		31		37	
807	3	269	7	115.29	11	73.36	13	62.08	17	47.5	19	42.47	23	35.1	29		31		37	
809	3	269.6667	7	115.57	11	73.55	13	62.23	17	47.6	19	42.58	23	35.2	29		31		37	

811		3	270.3333	7	115.86	11	73.73	13	62.38	17	47.7	19	42.68	23	35.3	29		31		37	
813		3	271	7	116.14	11	73.91	13	62.54	17	47.8	19	42.79	23	35.3	29		31		37	
815		3	271.6667	7	116.43	11	74.09	13	62.69	17	47.9	19	42.89	23	35.4	29		31		37	
817		3	272.3333	7	116.71	11	74.27	13	62.85	17	48.1	19	43	23	35.5	29		31		37	
819		3	273	7	117	11	74.45	13	63	17	48.2	19	43.11	23	35.6	29		31		37	
821		3	273.6667	7	117.29	11	74.64	13	63.15	17	48.3	19	43.21	23	35.7	29		31		37	
823		3	274.3333	7	117.57	11	74.82	13	63.31	17	48.4	19	43.32	23	35.8	29		31		37	
825		3	275	7	117.86	11	75	13	63.46	17	48.5	19	43.42	23	35.9	29		31		37	
827		3	275.6667	7	118.14	11	75.18	13	63.62	17	48.6	19	43.53	23	36	29		31		37	
829		3	276.3333	7	118.43	11	75.36	13	63.77	17	48.8	19	43.63	23	36	29		31		37	
831		3	277	7	118.71	11	75.55	13	63.92	17	48.9	19	43.74	23	36.1	29		31		37	
833		3	277.6667	7	119	11	75.73	13	64.08	17	49	19	43.84	23	36.2	29		31		37	
835		3	278.3333	7	119.29	11	75.91	13	64.23	17	49.1	19	43.95	23	36.3	29		31		37	
837		3	279	7	119.57	11	76.09	13	64.38	17	49.2	19	44.05	23	36.4	29		31	27	37	
839		3	279.6667	7	119.86	11	76.27	13	64.54	17	49.4	19	44.16	23	36.5	29		31		37	
841	29x29	3	280.3333	7	120.14	11	76.45	13	64.69	17	49.5	19	44.26	23	36.6	29	29	31		37	
843		3	281	7	120.43	11	76.64	13	64.85	17	49.6	19	44.37	23	36.7	29	29.07	31		37	
845		3	281.6667	7	120.71	11	76.82	13	65	17	49.7	19	44.47	23	36.7	29	29.14	31		37	
847		3	282.3333	7	121	11	77	13	65.15	17	49.8	19	44.58	23	36.8	29	29.21	31		37	
849		3	283	7	121.29	11	77.18	13	65.31	17	49.9	19	44.68	23	36.9	29	29.28	31		37	
851		3	283.6667	7	121.57	11	77.36	13	65.46	17	50.1	19	44.79	23	37	29	29.34	31		37	23
853		3	284.3333	7	121.86	11	77.55	13	65.62	17	50.2	19	44.89	23	37.1	29	29.41	31		37	
855		3	285	7	122.14	11	77.73	13	65.77	17	50.3	19	45	23	37.2	29	29.48	31		37	
857		3	285.6667	7	122.43	11	77.91	13	65.92	17	50.4	19	45.11	23	37.3	29	29.55	31		37	
859		3	286.3333	7	122.71	11	78.09	13	66.08	17	50.5	19	45.21	23	37.3	29	29.62	31		37	
861		3	287	7	123	11	78.27	13	66.23	17	50.6	19	45.32	23	37.4	29	29.69	31		37	
863		3	287.6667	7	123.29	11	78.45	13	66.38	17	50.8	19	45.42	23	37.5	29	29.76	31		37	
865		3	288.3333	7	123.57	11	78.64	13	66.54	17	50.9	19	45.53	23	37.6	29	29.83	31		37	
867		3	289	7	123.86	11	78.82	13	66.69	17	51	19	45.63	23	37.7	29	29.9	31		37	
869		3	289.6667	7	124.14	11	79	13	66.85	17	51.1	19	45.74	23	37.8	29	29.97	31		37	
871		3	290.3333	7	124.43	11	79.18	13	67	17	51.2	19	45.84	23	37.9	29	30.03	31		37	
873		3	291	7	124.71	11	79.36	13	67.15	17	51.4	19	45.95	23	38	29	30.1	31		37	
875		3	291.6667	7	125	11	79.55	13	67.31	17	51.5	19	46.05	23	38	29	30.17	31		37	

877		3	292.3333	7	125.29	11	79.73	13	67.46	17	51.6	19	46.16	23	38.1	29	30.24	31		37	
879		3	293	7	125.57	11	79.91	13	67.62	17	51.7	19	46.26	23	38.2	29	30.31	31		37	
881		3	293.6667	7	125.86	11	80.09	13	67.77	17	51.8	19	46.37	23	38.3	29	30.38	31		37	
883		3	294.3333	7	126.14	11	80.27	13	67.92	17	51.9	19	46.47	23	38.4	29	30.45	31		37	
885		3	295	7	126.43	11	80.45	13	68.08	17	52.1	19	46.58	23	38.5	29	30.52	31		37	
887		3	295.6667	7	126.71	11	80.64	13	68.23	17	52.2	19	46.68	23	38.6	29	30.59	31		37	
889		3	296.3333	7	127	11	80.82	13	68.38	17	52.3	19	46.79	23	38.7	29	30.66	31		37	
891		3	297	7	127.29	11	81	13	68.54	17	52.4	19	46.89	23	38.7	29	30.72	31		37	
893		3	297.6667	7	127.57	11	81.18	13	68.69	17	52.5	19	47	23	38.8	29	30.79	31		37	
895		3	298.3333	7	127.86	11	81.36	13	68.85	17	52.6	19	47.11	23	38.9	29	30.86	31		37	
897		3	299	7	128.14	11	81.55	13	69	17	52.8	19	47.21	23	39	29	30.93	31		37	
899		3	299.6667	7	128.43	11	81.73	13	69.15	17	52.9	19	47.32	23	39.1	29	31	31	29	37	
901		3	300.3333	7	128.71	11	81.91	13	69.31	17	53	19	47.42	23	39.2	29	31.07	31		37	
903		3	301	7	129	11	82.09	13	69.46	17	53.1	19	47.53	23	39.3	29	31.14	31		37	
905		3	301.6667	7	129.29	11	82.27	13	69.62	17	53.2	19	47.63	23	39.3	29	31.21	31		37	
907		3	302.3333	7	129.57	11	82.45	13	69.77	17	53.4	19	47.74	23	39.4	29	31.28	31		37	
909		3	303	7	129.86	11	82.64	13	69.92	17	53.5	19	47.84	23	39.5	29	31.34	31		37	
911		3	303.6667	7	130.14	11	82.82	13	70.08	17	53.6	19	47.95	23	39.6	29	31.41	31		37	
913		3	304.3333	7	130.43	11	83	13	70.23	17	53.7	19	48.05	23	39.7	29	31.48	31		37	
915		3	305	7	130.71	11	83.18	13	70.38	17	53.8	19	48.16	23	39.8	29	31.55	31		37	
917		3	305.6667	7	131	11	83.36	13	70.54	17	53.9	19	48.26	23	39.9	29	31.62	31		37	
919		3	306.3333	7	131.29	11	83.55	13	70.69	17	54.1	19	48.37	23	40	29	31.69	31		37	
921		3	307	7	131.57	11	83.73	13	70.85	17	54.2	19	48.47	23	40	29	31.76	31		37	
923		3	307.6667	7	131.86	11	83.91	13	71	17	54.3	19	48.58	23	40.1	29	31.83	31		37	
925		3	308.3333	7	132.14	11	84.09	13	71.15	17	54.4	19	48.68	23	40.2	29	31.9	31		37	25
927		3	309	7	132.43	11	84.27	13	71.31	17	54.5	19	48.79	23	40.3	29	31.97	31		37	
929		3	309.6667	7	132.71	11	84.45	13	71.46	17	54.6	19	48.89	23	40.4	29	32.03	31		37	
931		3	310.3333	7	133	11	84.64	13	71.62	17	54.8	19	49	23	40.5	29	32.1	31		37	
933		3	311	7	133.29	11	84.82	13	71.77	17	54.9	19	49.11	23	40.6	29	32.17	31		37	
935		3	311.6667	7	133.57	11	85	13	71.92	17	55	19	49.21	23	40.7	29	32.24	31		37	
937		3	312.3333	7	133.86	11	85.18	13	72.08	17	55.1	19	49.32	23	40.7	29	32.31	31		37	
939		3	313	7	134.14	11	85.36	13	72.23	17	55.2	19	49.42	23	40.8	29	32.38	31		37	
941		3	313.6667	7	134.43	11	85.55	13	72.38	17	55.4	19	49.53	23	40.9	29	32.45	31		37	

943	3	314.3333	7	134.71	11	85.73	13	72.54	17	55.5	19	49.63	23	41	29	32.52	31		37	
945	3	315	7	135	11	85.91	13	72.69	17	55.6	19	49.74	23	41.1	29	32.59	31		37	
947	3	315.6667	7	135.29	11	86.09	13	72.85	17	55.7	19	49.84	23	41.2	29	32.66	31		37	
949	3	316.3333	7	135.57	11	86.27	13	73	17	55.8	19	49.95	23	41.3	29	32.72	31		37	
951	3	317	7	135.86	11	86.45	13	73.15	17	55.9	19	50.05	23	41.3	29	32.79	31		37	
953	3	317.6667	7	136.14	11	86.64	13	73.31	17	56.1	19	50.16	23	41.4	29	32.86	31		37	
955	3	318.3333	7	136.43	11	86.82	13	73.46	17	56.2	19	50.26	23	41.5	29	32.93	31		37	
957	3	319	7	136.71	11	87	13	73.62	17	56.3	19	50.37	23	41.6	29	33	31		37	
959	3	319.6667	7	137	11	87.18	13	73.77	17	56.4	19	50.47	23	41.7	29	33.07	31		37	
961	3	320.3333	7	137.29	11	87.36	13	73.92	17	56.5	19	50.58	23	41.8	29	33.14	31	31	37	
963	3	321	7	137.57	11	87.55	13	74.08	17	56.6	19	50.68	23	41.9	29	33.21	31	31.06	37	
965	3	321.6667	7	137.86	11	87.73	13	74.23	17	56.8	19	50.79	23	42	29	33.28	31	31.13	37	
967	3	322.3333	7	138.14	11	87.91	13	74.38	17	56.9	19	50.89	23	42	29	33.34	31	31.19	37	
969	3	323	7	138.43	11	88.09	13	74.54	17	57	19	51	23	42.1	29	33.41	31	31.26	37	
971	3	323.6667	7	138.71	11	88.27	13	74.69	17	57.1	19	51.11	23	42.2	29	33.48	31	31.32	37	
973	3	324.3333	7	139	11	88.45	13	74.85	17	57.2	19	51.21	23	42.3	29	33.55	31	31.39	37	
975	3	325	7	139.29	11	88.64	13	75	17	57.4	19	51.32	23	42.4	29	33.62	31	31.45	37	
977	3	325.6667	7	139.57	11	88.82	13	75.15	17	57.5	19	51.42	23	42.5	29	33.69	31	31.52	37	
979	3	326.3333	7	139.86	11	89	13	75.31	17	57.6	19	51.53	23	42.6	29	33.76	31	31.58	37	
981	3	327	7	140.14	11	89.18	13	75.46	17	57.7	19	51.63	23	42.7	29	33.83	31	31.65	37	
983	3	327.6667	7	140.43	11	89.36	13	75.62	17	57.8	19	51.74	23	42.7	29	33.9	31	31.71	37	
985	3	328.3333	7	140.71	11	89.55	13	75.77	17	57.9	19	51.84	23	42.8	29	33.97	31	31.77	37	
987	3	329	7	141	11	89.73	13	75.92	17	58.1	19	51.95	23	42.9	29	34.03	31	31.84	37	
989	3	329.6667	7	141.29	11	89.91	13	76.08	17	58.2	19	52.05	23	43	29	34.1	31	31.9	37	
991	3	330.3333	7	141.57	11	90.09	13	76.23	17	58.3	19	52.16	23	43.1	29	34.17	31	31.97	37	
993	3	331	7	141.86	11	90.27	13	76.38	17	58.4	19	52.26	23	43.2	29	34.24	31	32.03	37	
995	3	331.6667	7	142.14	11	90.45	13	76.54	17	58.5	19	52.37	23	43.3	29	34.31	31	32.1	37	
997	3	332.3333	7	142.43	11	90.64	13	76.69	17	58.6	19	52.47	23	43.3	29	34.38	31	32.16	37	
999	3	333	7	142.71	11	90.82	13	76.85	17	58.8	19	52.58	23	43.4	29	34.45	31	32.23	37	27
1001	3	333.6667	7	143	11	91	13	77	17	58.9	19	52.68	23	43.5	29	34.52	31	32.29	37	
1003	3	334.3333	7	143.29	11	91.18	13	77.15	17	59	19	52.79	23	43.6	29	34.59	31	32.35	37	
1005	3	335	7	143.57	11	91.36	13	77.31	17	59.1	19	52.89	23	43.7	29	34.66	31	32.42	37	
1007	3	335.6667	7	143.86	11	91.55	13	77.46	17	59.2	19	53	23	43.8	29	34.72	31	32.48	37	

1009	3	336.3333	7	144.14	11	91.73	13	77.62	17	59.4	19	53.11	23	43.9	29	34.79	31	32.55	37	
1011	3	337	7	144.43	11	91.91	13	77.77	17	59.5	19	53.21	23	44	29	34.86	31	32.61	37	
1013	3	337.6667	7	144.71	11	92.09	13	77.92	17	59.6	19	53.32	23	44	29	34.93	31	32.68	37	
1015	3	338.3333	7	145	11	92.27	13	78.08	17	59.7	19	53.42	23	44.1	29	35	31	32.74	37	
1017	3	339	7	145.29	11	92.45	13	78.23	17	59.8	19	53.53	23	44.2	29	35.07	31	32.81	37	
1019	3	339.6667	7	145.57	11	92.64	13	78.38	17	59.9	19	53.63	23	44.3	29	35.14	31	32.87	37	
1021	3	340.3333	7	145.86	11	92.82	13	78.54	17	60.1	19	53.74	23	44.4	29	35.21	31	32.94	37	
1023	3	341	7	146.14	11	93	13	78.69	17	60.2	19	53.84	23	44.5	29	35.28	31	33	37	
1025	3	341.6667	7	146.43	11	93.18	13	78.85	17	60.3	19	53.95	23	44.6	29	35.34	31	33.06	37	
1027	3	342.3333	7	146.71	11	93.36	13	79	17	60.4	19	54.05	23	44.7	29	35.41	31	33.13	37	
1029	3	343	7	147	11	93.55	13	79.15	17	60.5	19	54.16	23	44.7	29	35.48	31	33.19	37	
1031	3	343.6667	7	147.29	11	93.73	13	79.31	17	60.6	19	54.26	23	44.8	29	35.55	31	33.26	37	
1033	3	344.3333	7	147.57	11	93.91	13	79.46	17	60.8	19	54.37	23	44.9	29	35.62	31	33.32	37	
1035	3	345	7	147.86	11	94.09	13	79.62	17	60.9	19	54.47	23	45	29	35.69	31	33.39	37	
1037	3	345.6667	7	148.14	11	94.27	13	79.77	17	61	19	54.58	23	45.1	29	35.76	31	33.45	37	
1039	3	346.3333	7	148.43	11	94.45	13	79.92	17	61.1	19	54.68	23	45.2	29	35.83	31	33.52	37	
1041	3	347	7	148.71	11	94.64	13	80.08	17	61.2	19	54.79	23	45.3	29	35.9	31	33.58	37	
1043	3	347.6667	7	149	11	94.82	13	80.23	17	61.4	19	54.89	23	45.3	29	35.97	31	33.65	37	
1045	3	348.3333	7	149.29	11	95	13	80.38	17	61.5	19	55	23	45.4	29	36.03	31	33.71	37	
1047	3	349	7	149.57	11	95.18	13	80.54	17	61.6	19	55.11	23	45.5	29	36.1	31	33.77	37	
1049	3	349.6667	7	149.86	11	95.36	13	80.69	17	61.7	19	55.21	23	45.6	29	36.17	31	33.84	37	
1051	3	350.3333	7	150.14	11	95.55	13	80.85	17	61.8	19	55.32	23	45.7	29	36.24	31	33.9	37	
1053	3	351	7	150.43	11	95.73	13	81	17	61.9	19	55.42	23	45.8	29	36.31	31	33.97	37	
1055	3	351.6667	7	150.71	11	95.91	13	81.15	17	62.1	19	55.53	23	45.9	29	36.38	31	34.03	37	
1057	3	352.3333	7	151	11	96.09	13	81.31	17	62.2	19	55.63	23	46	29	36.45	31	34.1	37	
1059	3	353	7	151.29	11	96.27	13	81.46	17	62.3	19	55.74	23	46	29	36.52	31	34.16	37	
1061	3	353.6667	7	151.57	11	96.45	13	81.62	17	62.4	19	55.84	23	46.1	29	36.59	31	34.23	37	
1063	3	354.3333	7	151.86	11	96.64	13	81.77	17	62.5	19	55.95	23	46.2	29	36.66	31	34.29	37	
1065	3	355	7	152.14	11	96.82	13	81.92	17	62.6	19	56.05	23	46.3	29	36.72	31	34.35	37	
1067	3	355.6667	7	152.43	11	97	13	82.08	17	62.8	19	56.16	23	46.4	29	36.79	31	34.42	37	
1069	3	356.3333	7	152.71	11	97.18	13	82.23	17	62.9	19	56.26	23	46.5	29	36.86	31	34.48	37	
1071	3	357	7	153	11	97.36	13	82.38	17	63	19	56.37	23	46.6	29	36.93	31	34.55	37	
1073	3	357.6667	7	153.29	11	97.55	13	82.54	17	63.1	19	56.47	23	46.7	29	37	31	34.61	37	29
1075	3	358.3333	7	153.57	11	97.73	13	82.69	17	63.2	19	56.58	23	46.7	29	37.07	31	34.68	37	
1077	3	359	7	153.86	11	97.91	13	82.85	17	63.4	19	56.68	23	46.8	29	37.14	31	34.74	37	

1079		3	359.6667	7	154.14	11	98.09	13	83	17	63.5	19	56.79	23	46.9	29	37.21	31	34.81	37	
1081		3	360.3333	7	154.43	11	98.27	13	83.15	17	63.6	19	56.89	23	47	29	37.28	31	34.87	37	
1083		3	361	7	154.71	11	98.45	13	83.31	17	63.7	19	57	23	47.1	29	37.34	31	34.94	37	
1085		3	361.6667	7	155	11	98.64	13	83.46	17	63.8	19	57.11	23	47.2	29	37.41	31	35	37	
1087		3	362.3333	7	155.29	11	98.82	13	83.62	17	63.9	19	57.21	23	47.3	29	37.48	31	35.06	37	
1089		3	363	7	155.57	11	99	13	83.77	17	64.1	19	57.32	23	47.3	29	37.55	31	35.13	37	
1091		3	363.6667	7	155.86	11	99.18	13	83.92	17	64.2	19	57.42	23	47.4	29	37.62	31	35.19	37	
1093		3	364.3333	7	156.14	11	99.36	13	84.08	17	64.3	19	57.53	23	47.5	29	37.69	31	35.26	37	
1095		3	365	7	156.43	11	99.55	13	84.23	17	64.4	19	57.63	23	47.6	29	37.76	31	35.32	37	
1097		3	365.6667	7	156.71	11	99.73	13	84.38	17	64.5	19	57.74	23	47.7	29	37.83	31	35.39	37	
1099		3	366.3333	7	157	11	99.91	13	84.54	17	64.6	19	57.84	23	47.8	29	37.9	31	35.45	37	
1101		3	367	7	157.29	11	100.1	13	84.69	17	64.8	19	57.95	23	47.9	29	37.97	31	35.52	37	
1103		3	367.6667	7	157.57	11	100.3	13	84.85	17	64.9	19	58.05	23	48	29	38.03	31	35.58	37	
1105		3	368.3333	7	157.86	11	100.5	13	85	17	65	19	58.16	23	48	29	38.1	31	35.65	37	
1107		3	369	7	158.14	11	100.6	13	85.15	17	65.1	19	58.26	23	48.1	29	38.17	31	35.71	37	
1109		3	369.6667	7	158.43	11	100.8	13	85.31	17	65.2	19	58.37	23	48.2	29	38.24	31	35.77	37	
1111		3	370.3333	7	158.71	11	101	13	85.46	17	65.4	19	58.47	23	48.3	29	38.31	31	35.84	37	
1113		3	371	7	159	11	101.2	13	85.62	17	65.5	19	58.58	23	48.4	29	38.38	31	35.9	37	
1115		3	371.6667	7	159.29	11	101.4	13	85.77	17	65.6	19	58.68	23	48.5	29	38.45	31	35.97	37	
1117		3	372.3333	7	159.57	11	101.5	13	85.92	17	65.7	19	58.79	23	48.6	29	38.52	31	36.03	37	
1119		3	373	7	159.86	11	101.7	13	86.08	17	65.8	19	58.89	23	48.7	29	38.59	31	36.1	37	
1121		3	373.6667	7	160.14	11	101.9	13	86.23	17	65.9	19	59	23	48.7	29	38.66	31	36.16	37	
1123		3	374.3333	7	160.43	11	102.1	13	86.38	17	66.1	19	59.11	23	48.8	29	38.72	31	36.23	37	
1125		3	375	7	160.71	11	102.3	13	86.54	17	66.2	19	59.21	23	48.9	29	38.79	31	36.29	37	
1127		3	375.6667	7	161	11	102.5	13	86.69	17	66.3	19	59.32	23	49	29	38.86	31	36.35	37	
1129		3	376.3333	7	161.29	11	102.6	13	86.85	17	66.4	19	59.42	23	49.1	29	38.93	31	36.42	37	
1131		3	377	7	161.57	11	102.8	13	87	17	66.5	19	59.53	23	49.2	29	39	31	36.48	37	
1133		3	377.6667	7	161.86	11	103	13	87.15	17	66.6	19	59.63	23	49.3	29	39.07	31	36.55	37	
1135		3	378.3333	7	162.14	11	103.2	13	87.31	17	66.8	19	59.74	23	49.3	29	39.14	31	36.61	37	
1137		3	379	7	162.43	11	103.4	13	87.46	17	66.9	19	59.84	23	49.4	29	39.21	31	36.68	37	
1139		3	379.6667	7	162.71	11	103.5	13	87.62	17	67	19	59.95	23	49.5	29	39.28	31	36.74	37	
1141		3	380.3333	7	163	11	103.7	13	87.77	17	67.1	19	60.05	23	49.6	29	39.34	31	36.81	37	
1143		3	381	7	163.29	11	103.9	13	87.92	17	67.2	19	60.16	23	49.7	29	39.41	31	36.87	37	
1145		3	381.6667	7	163.57	11	104.1	13	88.08	17	67.4	19	60.26	23	49.8	29	39.48	31	36.94	37	
1147		3	382.3333	7	163.86	11	104.3	13	88.23	17	67.5	19	60.37	23	49.9	29	39.55	31	37	37	31

1149	3	383	7	164.14	11	104.5	13	88.38	17	67.6	19	60.47	23	50	29	39.62	31	37.06	37
1151	3	383.6667	7	164.43	11	104.6	13	88.54	17	67.7	19	60.58	23	50	29	39.69	31	37.13	37
1153	3	384.3333	7	164.71	11	104.8	13	88.69	17	67.8	19	60.68	23	50.1	29	39.76	31	37.19	37
1155	3	385	7	165	11	105	13	88.85	17	67.9	19	60.79	23	50.2	29	39.83	31	37.26	37
1157	3	385.6667	7	165.29	11	105.2	13	89	17	68.1	19	60.89	23	50.3	29	39.9	31	37.32	37
1159	3	386.3333	7	165.57	11	105.4	13	89.15	17	68.2	19	61	23	50.4	29	39.97	31	37.39	37
1161	3	387	7	165.86	11	105.5	13	89.31	17	68.3	19	61.11	23	50.5	29	40.03	31	37.45	37
1163	3	387.6667	7	166.14	11	105.7	13	89.46	17	68.4	19	61.21	23	50.6	29	40.1	31	37.52	37
1165	3	388.3333	7	166.43	11	105.9	13	89.62	17	68.5	19	61.32	23	50.7	29	40.17	31	37.58	37
1167	3	389	7	166.71	11	106.1	13	89.77	17	68.6	19	61.42	23	50.7	29	40.24	31	37.65	37
1169	3	389.6667	7	167	11	106.3	13	89.92	17	68.8	19	61.53	23	50.8	29	40.31	31	37.71	37
1171	3	390.3333	7	167.29	11	106.5	13	90.08	17	68.9	19	61.63	23	50.9	29	40.38	31	37.77	37
1173	3	391	7	167.57	11	106.6	13	90.23	17	69	19	61.74	23	51	29	40.45	31	37.84	37
1175	3	391.6667	7	167.86	11	106.8	13	90.38	17	69.1	19	61.84	23	51.1	29	40.52	31	37.9	37
1177	3	392.3333	7	168.14	11	107	13	90.54	17	69.2	19	61.95	23	51.2	29	40.59	31	37.97	37
1179	3	393	7	168.43	11	107.2	13	90.69	17	69.4	19	62.05	23	51.3	29	40.66	31	38.03	37
1181	3	393.6667	7	168.71	11	107.4	13	90.85	17	69.5	19	62.16	23	51.3	29	40.72	31	38.1	37
1183	3	394.3333	7	169	11	107.5	13	91	17	69.6	19	62.26	23	51.4	29	40.79	31	38.16	37
1185	3	395	7	169.29	11	107.7	13	91.15	17	69.7	19	62.37	23	51.5	29	40.86	31	38.23	37
1187	3	395.6667	7	169.57	11	107.9	13	91.31	17	69.8	19	62.47	23	51.6	29	40.93	31	38.29	37
1189	3	396.3333	7	169.86	11	108.1	13	91.46	17	69.9	19	62.58	23	51.7	29	41	31	38.35	37
1191	3	397	7	170.14	11	108.3	13	91.62	17	70.1	19	62.68	23	51.8	29	41.07	31	38.42	37
1193	3	397.6667	7	170.43	11	108.5	13	91.77	17	70.2	19	62.79	23	51.9	29	41.14	31	38.48	37
1195	3	398.3333	7	170.71	11	108.6	13	91.92	17	70.3	19	62.89	23	52	29	41.21	31	38.55	37
1197	3	399	7	171	11	108.8	13	92.08	17	70.4	19	63	23	52	29	41.28	31	38.61	37
1199	3	399.6667	7	171.29	11	109	13	92.23	17	70.5	19	63.11	23	52.1	29	41.34	31	38.68	37
1201	3	400.3333	7	171.57	11	109.2	13	92.38	17	70.6	19	63.21	23	52.2	29	41.41	31	38.74	37
1203	3	401	7	171.86	11	109.4	13	92.54	17	70.8	19	63.32	23	52.3	29	41.48	31	38.81	37
1205	3	401.6667	7	172.14	11	109.5	13	92.69	17	70.9	19	63.42	23	52.4	29	41.55	31	38.87	37
1207	3	402.3333	7	172.43	11	109.7	13	92.85	17	71	19	63.53	23	52.5	29	41.62	31	38.94	37
1209	3	403	7	172.71	11	109.9	13	93	17	71.1	19	63.63	23	52.6	29	41.69	31	39	37
1211	3	403.6667	7	173	11	110.1	13	93.15	17	71.2	19	63.74	23	52.7	29	41.76	31	39.06	37
1213	3	404.3333	7	173.29	11	110.3	13	93.31	17	71.4	19	63.84	23	52.7	29	41.83	31	39.13	37
1215	3	405	7	173.57	11	110.5	13	93.46	17	71.5	19	63.95	23	52.8	29	41.9	31	39.19	37
1217	3	405.6667	7	173.86	11	110.6	13	93.62	17	71.6	19	64.05	23	52.9	29	41.97	31	39.26	37

1219	3	406.3333	7	174.14	11	110.8	13	93.77	17	71.7	19	64.16	23	53	29	42.03	31	39.32	37	
1221	3	407	7	174.43	11	111	13	93.92	17	71.8	19	64.26	23	53.1	29	42.1	31	39.39	37	33
1223	3	407.6667	7	174.71	11	111.2	13	94.08	17	71.9	19	64.37	23	53.2	29	42.17	31	39.45	37	
1225	3	408.3333	7	175	11	111.4	13	94.23	17	72.1	19	64.47	23	53.3	29	42.24	31	39.52	37	
1227	3	409	7	175.29	11	111.5	13	94.38	17	72.2	19	64.58	23	53.3	29	42.31	31	39.58	37	
1229	3	409.6667	7	175.57	11	111.7	13	94.54	17	72.3	19	64.68	23	53.4	29	42.38	31	39.65	37	
1231	3	410.3333	7	175.86	11	111.9	13	94.69	17	72.4	19	64.79	23	53.5	29	42.45	31	39.71	37	
1233	3	411	7	176.14	11	112.1	13	94.85	17	72.5	19	64.89	23	53.6	29	42.52	31	39.77	37	
1235	3	411.6667	7	176.43	11	112.3	13	95	17	72.6	19	65	23	53.7	29	42.59	31	39.84	37	
1237	3	412.3333	7	176.71	11	112.5	13	95.15	17	72.8	19	65.11	23	53.8	29	42.66	31	39.9	37	
1239	3	413	7	177	11	112.6	13	95.31	17	72.9	19	65.21	23	53.9	29	42.72	31	39.97	37	
1241	3	413.6667	7	177.29	11	112.8	13	95.46	17	73	19	65.32	23	54	29	42.79	31	40.03	37	
1243	3	414.3333	7	177.57	11	113	13	95.62	17	73.1	19	65.42	23	54	29	42.86	31	40.1	37	
1245	3	415	7	177.86	11	113.2	13	95.77	17	73.2	19	65.53	23	54.1	29	42.93	31	40.16	37	
1247	3	415.6667	7	178.14	11	113.4	13	95.92	17	73.4	19	65.63	23	54.2	29	43	31	40.23	37	
1249	3	416.3333	7	178.43	11	113.5	13	96.08	17	73.5	19	65.74	23	54.3	29	43.07	31	40.29	37	
1251	3	417	7	178.71	11	113.7	13	96.23	17	73.6	19	65.84	23	54.4	29	43.14	31	40.35	37	
1253	3	417.6667	7	179	11	113.9	13	96.38	17	73.7	19	65.95	23	54.5	29	43.21	31	40.42	37	
1255	3	418.3333	7	179.29	11	114.1	13	96.54	17	73.8	19	66.05	23	54.6	29	43.28	31	40.48	37	
1257	3	419	7	179.57	11	114.3	13	96.69	17	73.9	19	66.16	23	54.7	29	43.34	31	40.55	37	
1259	3	419.6667	7	179.86	11	114.5	13	96.85	17	74.1	19	66.26	23	54.7	29	43.41	31	40.61	37	
1261	3	420.3333	7	180.14	11	114.6	13	97	17	74.2	19	66.37	23	54.8	29	43.48	31	40.68	37	
1263	3	421	7	180.43	11	114.8	13	97.15	17	74.3	19	66.47	23	54.9	29	43.55	31	40.74	37	
1265	3	421.6667	7	180.71	11	115	13	97.31	17	74.4	19	66.58	23	55	29	43.62	31	40.81	37	
1267	3	422.3333	7	181	11	115.2	13	97.46	17	74.5	19	66.68	23	55.1	29	43.69	31	40.87	37	
1269	3	423	7	181.29	11	115.4	13	97.62	17	74.6	19	66.79	23	55.2	29	43.76	31	40.94	37	
1271	3	423.6667	7	181.57	11	115.5	13	97.77	17	74.8	19	66.89	23	55.3	29	43.83	31	41	37	
1273	3	424.3333	7	181.86	11	115.7	13	97.92	17	74.9	19	67	23	55.3	29	43.9	31	41.06	37	
1275	3	425	7	182.14	11	115.9	13	98.08	17	75	19	67.11	23	55.4	29	43.97	31	41.13	37	
1277	3	425.6667	7	182.43	11	116.1	13	98.23	17	75.1	19	67.21	23	55.5	29	44.03	31	41.19	37	
1279	3	426.3333	7	182.71	11	116.3	13	98.38	17	75.2	19	67.32	23	55.6	29	44.1	31	41.26	37	
1281	3	427	7	183	11	116.5	13	98.54	17	75.4	19	67.42	23	55.7	29	44.17	31	41.32	37	
1283	3	427.6667	7	183.29	11	116.6	13	98.69	17	75.5	19	67.53	23	55.8	29	44.24	31	41.39	37	
1285	3	428.3333	7	183.57	11	116.8	13	98.85	17	75.6	19	67.63	23	55.9	29	44.31	31	41.45	37	
1287	3	429	7	183.86	11	117	13	99	17	75.7	19	67.74	23	56	29	44.38	31	41.52	37	

1289		3	429.6667	7	184.14	11	117.2	13	99.15	17	75.8	19	67.84	23	56	29	44.45	31	41.58	37	
1291		3	430.3333	7	184.43	11	117.4	13	99.31	17	75.9	19	67.95	23	56.1	29	44.52	31	41.65	37	
1293		3	431	7	184.71	11	117.5	13	99.46	17	76.1	19	68.05	23	56.2	29	44.59	31	41.71	37	
1295		3	431.6667	7	185	11	117.7	13	99.62	17	76.2	19	68.16	23	56.3	29	44.66	31	41.77	37	35
1297		3	432.3333	7	185.29	11	117.9	13	99.77	17	76.3	19	68.26	23	56.4	29	44.72	31	41.84	37	
1299		3	433	7	185.57	11	118.1	13	99.92	17	76.4	19	68.37	23	56.5	29	44.79	31	41.9	37	
1301		3	433.6667	7	185.86	11	118.3	13	100.1	17	76.5	19	68.47	23	56.6	29	44.86	31	41.97	37	
1303		3	434.3333	7	186.14	11	118.5	13	100.2	17	76.6	19	68.58	23	56.7	29	44.93	31	42.03	37	
1305		3	435	7	186.43	11	118.6	13	100.4	17	76.8	19	68.68	23	56.7	29	45	31	42.1	37	
1307		3	435.6667	7	186.71	11	118.8	13	100.5	17	76.9	19	68.79	23	56.8	29	45.07	31	42.16	37	
1309		3	436.3333	7	187	11	119	13	100.7	17	77	19	68.89	23	56.9	29	45.14	31	42.23	37	
1311		3	437	7	187.29	11	119.2	13	100.8	17	77.1	19	69	23	57	29	45.21	31	42.29	37	
1313		3	437.6667	7	187.57	11	119.4	13	101	17	77.2	19	69.11	23	57.1	29	45.28	31	42.35	37	
1315		3	438.3333	7	187.86	11	119.5	13	101.2	17	77.4	19	69.21	23	57.2	29	45.34	31	42.42	37	
1317		3	439	7	188.14	11	119.7	13	101.3	17	77.5	19	69.32	23	57.3	29	45.41	31	42.48	37	
1319		3	439.6667	7	188.43	11	119.9	13	101.5	17	77.6	19	69.42	23	57.3	29	45.48	31	42.55	37	
1321		3	440.3333	7	188.71	11	120.1	13	101.6	17	77.7	19	69.53	23	57.4	29	45.55	31	42.61	37	
1323		3	441	7	189	11	120.3	13	101.8	17	77.8	19	69.63	23	57.5	29	45.62	31	42.68	37	
1325		3	441.6667	7	189.29	11	120.5	13	101.9	17	77.9	19	69.74	23	57.6	29	45.69	31	42.74	37	
1327		3	442.3333	7	189.57	11	120.6	13	102.1	17	78.1	19	69.84	23	57.7	29	45.76	31	42.81	37	
1329		3	443	7	189.86	11	120.8	13	102.2	17	78.2	19	69.95	23	57.8	29	45.83	31	42.87	37	
1331		3	443.6667	7	190.14	11	121	13	102.4	17	78.3	19	70.05	23	57.9	29	45.9	31	42.94	37	
1333		3	444.3333	7	190.43	11	121.2	13	102.5	17	78.4	19	70.16	23	58	29	45.97	31	43	37	
1335		3	445	7	190.71	11	121.4	13	102.7	17	78.5	19	70.26	23	58	29	46.03	31	43.06	37	
1337		3	445.6667	7	191	11	121.5	13	102.8	17	78.6	19	70.37	23	58.1	29	46.1	31	43.13	37	
1339		3	446.3333	7	191.29	11	121.7	13	103	17	78.8	19	70.47	23	58.2	29	46.17	31	43.19	37	
1341		3	447	7	191.57	11	121.9	13	103.2	17	78.9	19	70.58	23	58.3	29	46.24	31	43.26	37	
1343		3	447.6667	7	191.86	11	122.1	13	103.3	17	79	19	70.68	23	58.4	29	46.31	31	43.32	37	
1345		3	448.3333	7	192.14	11	122.3	13	103.5	17	79.1	19	70.79	23	58.5	29	46.38	31	43.39	37	
1347		3	449	7	192.43	11	122.5	13	103.6	17	79.2	19	70.89	23	58.6	29	46.45	31	43.45	37	
1349		3	449.6667	7	192.71	11	122.6	13	103.8	17	79.4	19	71	23	58.7	29	46.52	31	43.52	37	
1351		3	450.3333	7	193	11	122.8	13	103.9	17	79.5	19	71.11	23	58.7	29	46.59	31	43.58	37	
1353		3	451	7	193.29	11	123	13	104.1	17	79.6	19	71.21	23	58.8	29	46.66	31	43.65	37	
1355		3	451.6667	7	193.57	11	123.2	13	104.2	17	79.7	19	71.32	23	58.9	29	46.72	31	43.71	37	
1357		3	452.3333	7	193.86	11	123.4	13	104.4	17	79.8	19	71.42	23	59	29	46.79	31	43.77	37	

	1359	3	453	7	194.14	11	123.5	13	104.5	17	79.9	19	71.53	23	59.1	29	46.86	31	43.84	37	
	1361	3	453.6667	7	194.43	11	123.7	13	104.7	17	80.1	19	71.63	23	59.2	29	46.93	31	43.9	37	
	1363	3	454.3333	7	194.71	11	123.9	13	104.8	17	80.2	19	71.74	23	59.3	29	47	31	43.97	37	
	1365	3	455	7	195	11	124.1	13	105	17	80.3	19	71.84	23	59.3	29	47.07	31	44.03	37	
	1367	3	455.6667	7	195.29	11	124.3	13	105.2	17	80.4	19	71.95	23	59.4	29	47.14	31	44.1	37	
	1369	3	456.3333	7	195.57	11	124.5	13	105.3	17	80.5	19	72.05	23	59.5	29	47.21	31	44.16	37	37
1	1371	3	457	7	195.86	11	124.6	13	105.5	17	80.6	19	72.16	23	59.6	29	47.28	31	44.23	37	37.1
2	1373	3	457.6667	7	196.14	11	124.8	13	105.6	17	80.8	19	72.26	23	59.7	29	47.34	31	44.29	37	37.1
3	1375	3	458.3333	7	196.43	11	125	13	105.8	17	80.9	19	72.37	23	59.8	29	47.41	31	44.35	37	37.2
4	1377	3	459	7	196.71	11	125.2	13	105.9	17	81	19	72.47	23	59.9	29	47.48	31	44.42	37	37.2
5	1379	3	459.6667	7	197	11	125.4	13	106.1	17	81.1	19	72.58	23	60	29	47.55	31	44.48	37	37.3
6	1381	3	460.3333	7	197.29	11	125.5	13	106.2	17	81.2	19	72.68	23	60	29	47.62	31	44.55	37	37.3
7	1383	3	461	7	197.57	11	125.7	13	106.4	17	81.4	19	72.79	23	60.1	29	47.69	31	44.61	37	37.4
8	1385	3	461.6667	7	197.86	11	125.9	13	106.5	17	81.5	19	72.89	23	60.2	29	47.76	31	44.68	37	37.4
9	1387	3	462.3333	7	198.14	11	126.1	13	106.7	17	81.6	19	73	23	60.3	29	47.83	31	44.74	37	37.5
10	1389	3	463	7	198.43	11	126.3	13	106.8	17	81.7	19	73.11	23	60.4	29	47.9	31	44.81	37	37.5
11	1391	3	463.6667	7	198.71	11	126.5	13	107	17	81.8	19	73.21	23	60.5	29	47.97	31	44.87	37	37.6
12	1393	3	464.3333	7	199	11	126.6	13	107.2	17	81.9	19	73.32	23	60.6	29	48.03	31	44.94	37	37.6
13	1395	3	465	7	199.29	11	126.8	13	107.3	17	82.1	19	73.42	23	60.7	29	48.1	31	45	37	37.7
14	1397	3	465.6667	7	199.57	11	127	13	107.5	17	82.2	19	73.53	23	60.7	29	48.17	31	45.06	37	37.8
15	1399	3	466.3333	7	199.86	11	127.2	13	107.6	17	82.3	19	73.63	23	60.8	29	48.24	31	45.13	37	37.8
16	1401	3	467	7	200.14	11	127.4	13	107.8	17	82.4	19	73.74	23	60.9	29	48.31	31	45.19	37	37.9
17	1403	3	467.6667	7	200.43	11	127.5	13	107.9	17	82.5	19	73.84	23	61	29	48.38	31	45.26	37	37.9
18	1405	3	468.3333	7	200.71	11	127.7	13	108.1	17	82.6	19	73.95	23	61.1	29	48.45	31	45.32	37	38
19	1407	3	469	7	201	11	127.9	13	108.2	17	82.8	19	74.05	23	61.2	29	48.52	31	45.39	37	38
20	1409	3	469.6667	7	201.29	11	128.1	13	108.4	17	82.9	19	74.16	23	61.3	29	48.59	31	45.45	37	38.1
21	1411	3	470.3333	7	201.57	11	128.3	13	108.5	17	83	19	74.26	23	61.3	29	48.66	31	45.52	37	38.1
22	1413	3	471	7	201.86	11	128.5	13	108.7	17	83.1	19	74.37	23	61.4	29	48.72	31	45.58	37	38.2
23	1415	3	471.6667	7	202.14	11	128.6	13	108.8	17	83.2	19	74.47	23	61.5	29	48.79	31	45.65	37	38.2
24	1417	3	472.3333	7	202.43	11	128.8	13	109	17	83.4	19	74.58	23	61.6	29	48.86	31	45.71	37	38.3
25	1419	3	473	7	202.71	11	129	13	109.2	17	83.5	19	74.68	23	61.7	29	48.93	31	45.77	37	38.4
26	1421	3	473.6667	7	203	11	129.2	13	109.3	17	83.6	19	74.79	23	61.8	29	49	31	45.84	37	38.4
27	1423	3	474.3333	7	203.29	11	129.4	13	109.5	17	83.7	19	74.89	23	61.9	29	49.07	31	45.9	37	38.5
28	1425	3	475	7	203.57	11	129.5	13	109.6	17	83.8	19	75	23	62	29	49.14	31	45.97	37	38.5
29	1427	3	475.6667	7	203.86	11	129.7	13	109.8	17	83.9	19	75.11	23	62	29	49.21	31	46.03	37	38.6

30	1429	3	476.3333	7	204.14	11	129.9	13	109.9	17	84.1	19	75.21	23	62.1	29	49.28	31	46.1	37	38.6
31	1431	3	477	7	204.43	11	130.1	13	110.1	17	84.2	19	75.32	23	62.2	29	49.34	31	46.16	37	38.7
32	1433	3	477.6667	7	204.71	11	130.3	13	110.2	17	84.3	19	75.42	23	62.3	29	49.41	31	46.23	37	38.7
33	1435	3	478.3333	7	205	11	130.5	13	110.4	17	84.4	19	75.53	23	62.4	29	49.48	31	46.29	37	38.8
34	1437	3	479	7	205.29	11	130.6	13	110.5	17	84.5	19	75.63	23	62.5	29	49.55	31	46.35	37	38.8
35	1439	3	479.6667	7	205.57	11	130.8	13	110.7	17	84.6	19	75.74	23	62.6	29	49.62	31	46.42	37	38.9
36	1441	3	480.3333	7	205.86	11	131	13	110.8	17	84.8	19	75.84	23	62.7	29	49.69	31	46.48	37	38.9
37	1443	3	481	7	206.14	11	131.2	13	111	17	84.9	19	75.95	23	62.7	29	49.76	31	46.55	37	39

…

…

7 以下は指定したい最大数値迄続き、同様事象展開である
8 個人パソコンと手作業限界の為1443迄リスト数値表示とする

三. 連続型縦リスト展開により判明された背景規則性

1)−3 非素数確定に関わる規則性

① 外部倍率数（整数）に対し、内部倍率メモリが整数となる時点に反映されたリスト数値は非素数である（リスト中のブルー色表示）

② 内部倍率メモリには整数生成点が1つでもあれば、該当のリスト数値は非素数確定である

1)−4 外部倍率数と内部倍率数

① 外部倍率数は正の整数/奇数/素数である　　リスト中の1)−2/3横向外倍をご参照下さい

② 内部倍率数は内部倍率メモリとして、数値順に伴い展開しており、小数点位置と整数生成点がある
リスト中の1)−2/5下向内倍をご参照下さい

1)-5　内部倍率メモリと整数生成点

① 内部倍率メモリは下向展開の内部倍率数展開の行の数である
② 内部倍率メモリの行の数は該当外部倍率数自身数と同数である

例え:

外部倍率数	該当内部倍率メモリ行数の計
3	3
7	7
11	11
13	13
17	17
19	19
23	23
29	29
・・・	
・・・	以降は同様展開である

③ 各内部倍率メモリは1つの整数の部を除き、多数の小数点の位置であり、小数点位置の数は当の外部倍率自身数から減1の結果数となる
例え:　外部倍率数3の場合　該当内部倍率メモリには2行の小数点位置と1つの整数生成点がある
外部倍率数7の場合　該当内部倍率メモリには6行の小数点位置と1つの整数生成点がある
④ 内部倍率メモリ整数生成点は2倍数ずつ整数が伸びる　（連続型縦リストの場合）
リスト中のブルー色表示の整数の部をご参照下さい
⑤ 内部倍率の初回整数倍数は3の場合7倍数として、7以降全ては3とする　（1は自身数となる為含まない）
⑥ 内部倍率メモリ小数点位置の順序は循環不変である

1)-6　素数確定に関わる規則性

① 外部倍率数の最小が3であり、該当3の内部倍率メモリ整数の部に囲まれた上下2行が素数候補となる
② 関わるべき外部倍率数迄の各自内部倍率メモリ小数点位置が揃う行に反映されたリスト数値は素数である
③ 上下2連続の小数点位置揃いの2行リスト数値は双子素数の形成となる

1)-7　外部倍率数の有効性

① 外部倍率数は正の整数/素数であれば、有効な内部倍率整数生成点が形成される
② 有効な内部倍率整数生成点とは最初に非素数を確定する整数生成点である
③ 外部倍率数は素数でない奇数の場合は該当内部倍率メモリの整数が全て前項の整数生成点に重なる
④ 前項外部倍率数（素数）に次ぐ次項の外部倍率数も素数であれば、有効な外部倍率数の増加となり、
　前項と次項2数の平方値差の数値範囲はリスト数値範囲の有効増加と見なす
⑤ 次項の外部倍率数が素数でない場合　当外部倍率数が齎す整数生成点が全てこれ迄の前項に重なる

第１節総括：

一．素数定義は文字描写から数式展開に切り換わる事が素数学問提起以来の初である

二．連続型縦リスト展開によるリスト数値の背景規則性が見られ、これらに基づき、多く素数課題が容易に解決される判明となる

三．背景規則性により、以下２課題の真相も解明され、課題解決となる

①素数がなぜ常に３の整数倍数の隣にあるか

答え：素数候補となる数値は全て外部倍率数３の上下２つ非素数に囲まれている為である

②ウラムの螺旋の真相

答え：ウラムの螺旋で規則的に見える点と線の真相は各数値が持つ背景の内倍整数生成時点とそうでない時の違いによるものである

第２節　分類型縦リスト展開で見る双子素数事象

（副題：双子素数の形成は事象である）

一．分類型縦リストとはリスト数値末桁数を単一数で展開するリスト数値である
末桁数１、末桁数3、末桁数7、末桁数９の４通りある

例えば	11	13	17	19
（縦展開で見る）	21	23	27	29
	31	33	37	39
	41	43	47	49
	51	53	57	59
	61	63	67	69
	71	73	77	79
	81	83	87	89
	･･･	･･･	･･･	･･･
	･･･	･･･	･･･	･･･

（任意指定の大きい数迄続く）

二．分類型縦リストをご参照下さい（第２節の添付　分類型縦リスト）
次のように４通りあり
展開例①　　末桁数１

展開例②　　末桁数３

展開例③　　末桁数７

展開例④　　末桁数９

第2節の添付　分類型縦リスト

2)-1　展開例①　末桁数1

1 **展開例数値範囲**　　11-841 (29x29)

2		外倍個数:	1	2	3	4	5	6	7	8
3		内倍足数	7	3	1	7	3	9	7	9	内倍足数
											二数
4		横向外倍	3	7	11	13	17	19	23	29	固定関係
5		下向内倍メモリ								
6	数値順									
	11		3.66667	1.5714	1					
	21		7	3	1.909	1.615	1.235	1.105		
	31		10.3333	4.4286	2.818	2.385	1.824	1.632	1.348	1.069
	41		13.6667	5.8571	3.727	3.154	2.412	2.158	1.783	1.414
	51		17	7.2857	4.636	3.923	3	2.684	2.217	1.759
	61		20.3333	8.7143	5.545	4.692	3.588	3.211	2.652	2.103
	71		23.6667	10.143	6.455	5.462	4.176	3.737	3.087	2.448
	81		27	11.571	7.364	6.231	4.765	4.263	3.522	2.793
	91		30.3333	13	8.273	7	5.353	4.789	3.957	3.138
	101		33.6667	14.429	9.182	7.769	5.941	5.316	4.391	3.483
	111		37	15.857	10.09	8.538	6.529	5.842	4.826	3.828
	121		40.3333	17.286	11	9.308	7.118	6.368	5.261	4.172
	131		43.6667	18.714	11.91	10.08	7.706	6.895	5.696	4.517
	141		47	20.143	12.82	10.85	8.294	7.421	6.13	4.862
	151		50.3333	21.571	13.73	11.62	8.882	7.947	6.565	5.207
	161		53.6667	23	14.64	12.38	9.471	8.474	7	5.552
	171		57	24.429	15.55	13.15	10.06	9	7.435	5.897
	181		60.3333	25.857	16.45	13.92	10.65	9.526	7.87	6.241
	191		63.6667	27.286	17.36	14.69	11.24	10.05	8.304	6.586

201	67	28.714	18.27	15.46	11.82	10.58	8.739	6.931
211	70.3333	30.143	19.18	16.23	12.41	11.11	9.174	7.276
221	73.6667	31.571	20.09	17	13	11.63	9.609	7.621
231	77	33	21	17.77	13.59	12.16	10.04	7.966
241	80.3333	34.429	21.91	18.54	14.18	12.68	10.48	8.31
251	83.6667	35.857	22.82	19.31	14.76	13.21	10.91	8.655
261	87	37.286	23.73	20.08	15.35	13.74	11.35	9
271	90.3333	38.714	24.64	20.85	15.94	14.26	11.78	9.345
281	93.6667	40.143	25.55	21.62	16.53	14.79	12.22	9.69
291	97	41.571	26.45	22.38	17.12	15.32	12.65	10.03
301	100.333	43	27.36	23.15	17.71	15.84	13.09	10.38
311	103.667	44.429	28.27	23.92	18.29	16.37	13.52	10.72
321	107	45.857	29.18	24.69	18.88	16.89	13.96	11.07
331	110.333	47.286	30.09	25.46	19.47	17.42	14.39	11.41
341	113.667	48.714	31	26.23	20.06	17.95	14.83	11.76
351	117	50.143	31.91	27	20.65	18.47	15.26	12.1
361	120.333	51.571	32.82	27.77	21.24	19	15.7	12.45
371	123.667	53	33.73	28.54	21.82	19.53	16.13	12.79
381	127	54.429	34.64	29.31	22.41	20.05	16.57	13.14
391	130.333	55.857	35.55	30.08	23	20.58	17	13.48
401	133.667	57.286	36.45	30.85	23.59	21.11	17.43	13.83
411	137	58.714	37.36	31.62	24.18	21.63	17.87	14.17
421	140.333	60.143	38.27	32.38	24.76	22.16	18.3	14.52
431	143.667	61.571	39.18	33.15	25.35	22.68	18.74	14.86
441	147	63	40.09	33.92	25.94	23.21	19.17	15.21
451	150.333	64.429	41	34.69	26.53	23.74	19.61	15.55
461	153.667	65.857	41.91	35.46	27.12	24.26	20.04	15.9
471	157	67.286	42.82	36.23	27.71	24.79	20.48	16.24
481	160.333	68.714	43.73	37	28.29	25.32	20.91	16.59
491	163.667	70.143	44.64	37.77	28.88	25.84	21.35	16.93
501	167	71.571	45.55	38.54	29.47	26.37	21.78	17.28
511	170.333	73	46.45	39.31	30.06	26.89	22.22	17.62
521	173.667	74.429	47.36	40.08	30.65	27.42	22.65	17.97
531	177	75.857	48.27	40.85	31.24	27.95	23.09	18.31
541	180.333	77.286	49.18	41.62	31.82	28.47	23.52	18.66
551	183.667	78.714	50.09	42.38	32.41	29	23.96	19
561	187	80.143	51	43.15	33	29.53	24.39	19.34
571	190.333	81.571	51.91	43.92	33.59	30.05	24.83	19.69
581	193.667	83	52.82	44.69	34.18	30.58	25.26	20.03

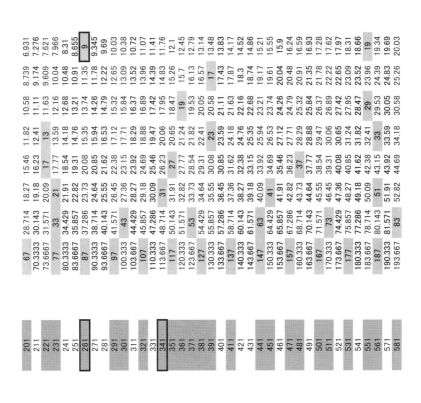

591	197	84.429	53.73	45.46	34.76	31.11	25.7	20.38
601	200.333	85.857	54.64	46.23	35.35	31.63	26.13	20.72
611	203.667	87.286	55.55	47	35.94	32.16	26.57	21.07
621	207	88.714	56.45	47.77	36.53	32.68	27	21.41
631	210.333	90.143	57.36	48.54	37.12	33.21	27.43	21.76
641	213.667	91.571	58.27	49.31	37.71	33.74	27.87	22.1
651	217	93	59.18	50.08	38.29	34.26	28.3	22.45
661	220.333	94.429	60.09	50.85	38.88	34.79	28.74	22.79
671	223.667	95.857	61	51.62	39.47	35.32	29.17	23.14
681	227	97.286	61.91	52.38	40.06	35.84	29.61	23.48
691	230.333	98.714	62.82	53.15	40.65	36.37	30.04	23.83
701	233.667	100.14	63.73	53.92	41.24	36.89	30.48	24.17
711	237	101.57	64.64	54.69	41.82	37.42	30.91	24.52
721	240.333	103	65.55	55.46	42.41	37.95	31.35	24.86
731	243.667	104.43	66.45	56.23	43	38.47	31.78	25.21
741	247	105.86	67.36	57	43.59	39	32.22	25.55
751	250.333	107.29	68.27	57.77	44.18	39.53	32.65	25.9
761	253.667	108.71	69.18	58.54	44.76	40.05	33.09	26.24
771	257	110.14	70.09	59.31	45.35	40.58	33.52	26.59
781	260.333	111.57	71	60.08	45.94	41.11	33.96	26.93
791	263.667	113	71.91	60.85	46.53	41.63	34.39	27.28
801	267	114.43	72.82	61.62	47.12	42.16	34.83	27.62
811	270.333	115.86	73.73	62.38	47.71	42.68	35.26	27.97
821	273.667	117.29	74.64	63.15	48.29	43.21	35.7	28.31
831	277	118.71	75.55	63.92	48.88	43.74	36.13	28.66
841	280.333	120.14	76.45	64.69	49.47	44.26	36.57	29
・・・						841	29	29
・・・								

7 以下は指定したい数値範囲最大数迄続いて同様事象展開である
8 個人パソコンと手作業限界の為リスト数値表示を961迄とする

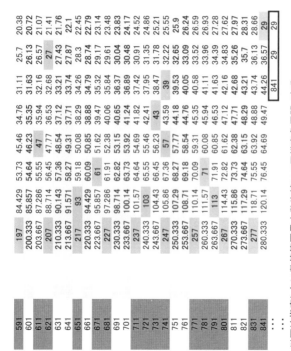

2)-2　展開例②　末桁数3

1 **展開例数値範囲**　　13-713（23x31）

2	外倍個数:	1	2	3	4	5	6	7	8	9
3	内倍足数	1	9	3	1	9	7	1	7	3
4	横向外倍	3	7	11	13	17	19	23	29	31

内倍足数 二数 固定関係

5 下向内倍メモリ

6 数値順									
13	4.3333	1.857	1.182						
23	7.6667	3.286	2.091	1.769	1.353	1.211	1		
33	11	4.714	3	2.538	1.941	1.737	1.435	1.138	1.065
43	14.333	6.143	3.909	3.308	2.529	2.263	1.87	1.483	1.387
53	17.667	7.571	4.818	4.077	3.118	2.789	2.304	1.828	1.71
63	21	9	5.727	4.846	3.706	3.316	2.739	2.172	2.032
73	24.333	10.43	6.636	5.615	4.294	3.842	3.174	2.517	2.355
83	27.667	11.86	7.545	6.385	4.882	4.368	3.609	2.862	2.677
93	31	13.29	8.455	7.154	5.471	4.895	4.043	3.207	3
103	34.333	14.71	9.364	7.923	6.059	5.421	4.478	3.552	3.323
113	37.667	16.14	10.27	8.692	6.647	5.947	4.913	3.897	3.645
123	41	17.57	11.18	9.462	7.235	6.474	5.348	4.241	3.968
133	44.333	19	12.09	10.23	7.824	7	5.783	4.586	4.29
143	47.667	20.43	13	11	8.412	7.526	6.217	4.931	4.613
153	51	21.86	13.91	11.77	9	8.053	6.652	5.276	4.935
163	54.333	23.29	14.82	12.54	9.588	8.579	7.087	5.621	5.258
173	57.667	24.71	15.73	13.31	10.18	9.105	7.522	5.966	5.581
183	61	26.14	16.64	14.08	10.76	9.632	7.957	6.31	5.903
193	64.333	27.57	17.55	14.85	11.35	10.16	8.391	6.655	6.226
203	67.667	29	18.45	15.62	11.94	10.68	8.826	7	6.548
213	71	30.43	19.36	16.38	12.53	11.21	9.261	7.345	6.871
223	74.333	31.86	20.27	17.15	13.12	11.74	9.696	7.69	7.194

233	77.667	33.29	21.18	17.92	13.71	12.26	10.13	8.034	7.516
243	81	34.71	22.09	18.69	14.29	12.79	10.57	8.379	7.839
253	84.333	36.14	23	19.46	14.88	13.32	11	8.724	8.161
263	87.667	37.57	23.91	20.23	15.47	13.84	11.43	9.069	8.484
273	91	39	24.82	21	16.06	14.37	11.87	9.414	8.806
283	94.333	40.43	25.73	21.77	16.65	14.89	12.3	9.759	9.129
293	97.667	41.86	26.64	22.54	17.24	15.42	12.74	10.1	9.452
303	101	43.29	27.55	23.31	17.82	15.95	13.17	10.45	9.774
313	104.33	44.71	28.45	24.08	18.41	16.47	13.61	10.79	10.1
323	107.67	46.14	29.36	24.85	19	17	14.04	11.14	10.42
333	111	47.57	30.27	25.62	19.59	17.53	14.48	11.48	10.74
343	114.33	49	31.18	26.38	20.18	18.05	14.91	11.83	11.06
353	117.67	50.43	32.09	27.15	20.76	18.58	15.35	12.17	11.39
363	121	51.86	33	27.92	21.35	19.11	15.78	12.52	11.71
373	124.33	53.29	33.91	28.69	21.94	19.63	16.22	12.86	12.03
383	127.67	54.71	34.82	29.46	22.53	20.16	16.65	13.21	12.35
393	131	56.14	35.73	30.23	23.12	20.68	17.09	13.55	12.68
403	134.33	57.57	36.64	31	23.71	21.21	17.52	13.9	13
413	137.67	59	37.55	31.77	24.29	21.74	17.96	14.24	13.32
423	141	60.43	38.45	32.54	24.88	22.26	18.39	14.59	13.65
433	144.33	61.86	39.36	33.31	25.47	22.79	18.83	14.93	13.97
443	147.67	63.29	40.27	34.08	26.06	23.32	19.26	15.28	14.29
453	151	64.71	41.18	34.85	26.65	23.84	19.7	15.62	14.61
463	154.33	66.14	42.09	35.62	27.24	24.37	20.13	15.97	14.94
473	157.67	67.57	43	36.38	27.82	24.89	20.57	16.31	15.26
483	161	69	43.91	37.15	28.41	25.42	21	16.66	15.58
493	164.33	70.43	44.82	37.92	29	25.95	21.43	17	15.9
503	167.67	71.86	45.73	38.69	29.59	26.47	21.87	17.34	16.23
513	171	73.29	46.64	39.46	30.18	27	22.3	17.69	16.55
523	174.33	74.71	47.55	40.23	30.76	27.53	22.74	18.03	16.87
533	177.67	76.14	48.45	41	31.35	28.05	23.17	18.38	17.19
543	181	77.57	49.36	41.77	31.94	28.58	23.61	18.72	17.52
553	184.33	79	50.27	42.54	32.53	29.11	24.04	19.07	17.84
563	187.67	80.43	51.18	43.31	33.12	29.63	24.48	19.41	18.16

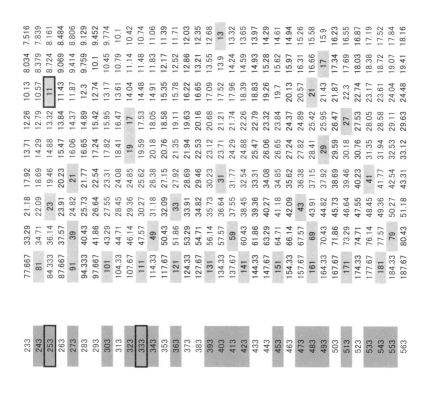

573	191	81.86	52.09	44.08	33.71	30.16	24.91	19.76	18.48
583	194.33	83.29	53	44.85	34.29	30.68	25.35	20.1	18.81
593	197.67	84.71	53.91	45.62	34.88	31.21	25.78	20.45	19.13
603	201	86.14	54.82	46.38	35.47	31.74	26.22	20.79	19.45
613	204.33	87.57	55.73	47.15	36.06	32.26	26.65	21.14	19.77
623	207.67	89	56.64	47.92	36.65	32.79	27.09	21.48	20.1
633	211	90.43	57.55	48.69	37.24	33.32	27.52	21.83	20.42
643	214.33	91.86	58.45	49.46	37.82	33.84	27.96	22.17	20.74
653	217.67	93.29	59.36	50.23	38.41	34.37	28.39	22.52	21.06
663	221	94.71	60.27	51	39	34.89	28.83	22.86	21.39
673	224.33	96.14	61.18	51.77	39.59	35.42	29.26	23.21	21.71
683	227.67	97.57	62.09	52.54	40.18	35.95	29.7	23.55	22.03
693	231	99	63	53.31	40.76	36.47	30.13	23.9	22.35
703	234.33	100.4	63.91	54.08	41.35	37	30.57	24.24	22.68
713	237.67	101.9	64.82	54.85	41.94	37.53	31	24.59	23
・・・					713	23	31		
・・・									

7 以下は指定したい数値範囲最大数迄続いて同様事象展開である
8 個人パソコンと手作業限界の為リスト数値表示を713迄とする

2)-3　展開例③　末桁数7

1	**展開例数値範囲**		**17−667（23x29）**							
2		外倍個数:	1	2	3	4	5	6	7	8
3		内倍足数	9	1	7	9	1	3	9	3
										内倍足数 二数 固定関係
4		横向外倍	3	7	11	13	17	19	23	29
5			下向内倍メモリ							
6	数値順									
	17		5.666667	2.4286	1.545					
	27		9	3.8571	2.455	2.0769	1.5882	1.4211		
	37		12.33333	5.2857	3.364	2.8462	2.1765	1.9474	1.6087	1.2759
	47		15.66667	6.7143	4.273	3.6154	2.7647	2.4737	2.0435	1.6207
	57		19	8.1429	5.182	4.3846	3.3529	3	2.4783	1.9655
	67		22.33333	9.5714	6.091	5.1538	3.9412	3.5263	2.913	2.3103
	77		25.66667	11	7	5.9231	4.5294	4.0526	3.3478	2.6552
	87		29	12.429	7.909	6.6923	5.1176	4.5789	3.7826	3
	97		32.33333	13.857	8.818	7.4615	5.7059	5.1053	4.2174	3.3448
	107		35.66667	15.286	9.727	8.2308	6.2941	5.6316	4.6522	3.6897
	117		39	16.714	10.64	9	6.8824	6.1579	5.087	4.0345
	127		42.33333	18.143	11.55	9.7692	7.4706	6.6842	5.5217	4.3793
	137		45.66667	19.571	12.45	10.538	8.0588	7.2105	5.9565	4.7241
	147		49	21	13.36	11.308	8.6471	7.7368	6.3913	5.069
	157		52.33333	22.429	14.27	12.077	9.2353	8.2632	6.8261	5.4138
	167		55.66667	23.857	15.18	12.846	9.8235	8.7895	7.2609	5.7586
	177		59	25.286	16.09	13.615	10.412	9.3158	7.6957	6.1034
	187		62.33333	26.714	17	14.385	11	9.8421	8.1304	6.4483
	197		65.66667	28.143	17.91	15.154	11.588	10.368	8.5652	6.7931
	207		69	29.571	18.82	15.923	12.176	10.895	9	7.1379

217	72.33333	31	19.73	16.692	12.765	11.421	9.4348	7.4828
227	75.66667	32.429	20.64	17.462	13.353	11.947	9.8696	7.8276
237	79	33.857	21.55	18.231	13.941	12.474	10.304	8.1724
247	82.33333	35.286	22.45	19	14.529	13	10.739	8.5172
257	85.66667	36.714	23.36	19.769	15.118	13.526	11.174	8.8621
267	89	38.143	24.27	20.538	15.706	14.053	11.609	9.2069
277	92.33333	39.571	25.18	21.308	16.294	14.579	12.043	9.5517
287	95.66667	41	26.09	22.077	16.882	15.105	12.478	9.8966
297	99	42.429	27	22.846	17.471	15.632	12.913	10.241
307	102.3333	43.857	27.91	23.615	18.059	16.158	13.348	10.586
317	105.6667	45.286	28.82	24.385	18.647	16.684	13.783	10.931
327	109	46.714	29.73	25.154	19.235	17.211	14.217	11.276
337	112.3333	48.143	30.64	25.923	19.824	17.737	14.652	11.621
347	115.6667	49.571	31.55	26.692	20.412	18.263	15.087	11.966
357	119	51	32.45	27.462	21	18.789	15.522	12.31
367	122.3333	52.429	33.36	28.231	21.588	19.316	15.957	12.655
377	125.6667	53.857	34.27	29	22.176	19.842	16.391	13
387	129	55.286	35.18	29.769	22.765	20.368	16.826	13.345
397	132.3333	56.714	36.09	30.538	23.353	20.895	17.261	13.69
407	135.6667	58.143	37	31.308	23.941	21.421	17.696	14.034
417	139	59.571	37.91	32.077	24.529	21.947	18.13	14.379
427	142.3333	61	38.82	32.846	25.118	22.474	18.565	14.724
437	145.6667	62.429	39.73	33.615	25.706	23	19	15.069
447	149	63.857	40.64	34.385	26.294	23.526	19.435	15.414
457	152.3333	65.286	41.55	35.154	26.882	24.053	19.87	15.759
467	155.6667	66.714	42.45	35.923	27.471	24.579	20.304	16.103
477	159	68.143	43.36	36.692	28.059	25.105	20.739	16.448
487	162.3333	69.571	44.27	37.462	28.647	25.632	21.174	16.793
497	165.6667	71	45.18	38.231	29.235	26.158	21.609	17.138
507	169	72.429	46.09	39	29.824	26.684	22.043	17.483
517	172.3333	73.857	47	39.769	30.412	27.211	22.478	17.828

527		175.6667	75.286	47.91	40.538	31	27.737	22.913	18.172
537		179	76.714	48.82	41.308	31.588	28.263	23.348	18.517
547		182.3333	78.143	49.73	42.077	32.176	28.789	23.783	18.862
557		185.6667	79.571	50.64	42.846	32.765	29.316	24.217	19.207
567		189	81	51.55	43.615	33.353	29.842	24.652	19.552
577		192.3333	82.429	52.45	44.385	33.941	30.368	25.087	19.897
587		195.6667	83.857	53.36	45.154	34.529	30.895	25.522	20.241
597		199	85.286	54.27	45.923	35.118	31.421	25.957	20.586
607		202.3333	86.714	55.18	46.692	35.706	31.947	26.391	20.931
617		205.6667	88.143	56.09	47.462	36.294	32.474	26.826	21.276
627		209	89.571	57	48.231	36.882	33	27.261	21.621
637		212.3333	91	57.91	49	37.471	33.526	27.696	21.966
647		215.6667	92.429	58.82	49.769	38.059	34.053	28.13	22.31
657		219	93.857	59.73	50.538	38.647	34.579	28.565	22.655
667		222.3333	95.286	60.64	51.308	39.235	35.105	29	23
・・・						667	23	29	
・・・									

7 以下は指定したい数値範囲最大数迄続いて同様事象展開である

8 個人パソコンと手作業限界の為リスト数値表示を667迄とする

2)-4　展開例④　末桁数9

1 展開例数値範囲：　19-609　(21x29)

行											
2		外倍個数:	1	2	3	4	5	6	7	8	
3		内倍足数	3	7	9	3	7	1	3	1	内倍足数 二数 固定関係
4		横向外倍	3	7	11	13	17	19	23	29	
5			下向内倍メモリ								
6	数値順										
	19		6.3333	2.714	1.727		1.118	1	0.826	0.66	
	29		9.6667	4.143	2.636	2.231	1.706	1.526	1.261	1.00	
	39		13	5.571	3.545	3	2.294	2.053	1.696	1.34	
	49		16.333	7	4.455	3.769	2.882	2.579	2.13	1.69	
	59		19.667	8.429	5.364	4.538	3.471	3.105	2.565	2.03	
	69		23	9.857	6.273	5.308	4.059	3.632	3	2.38	
	79		26.333	11.29	7.182	6.077	4.647	4.158	3.435	2.72	
	89		29.667	12.71	8.091	6.846	5.235	4.684	3.87	3.07	
	99		33	14.14	9	7.615	5.824	5.211	4.304	3.41	
	109		36.333	15.57	9.909	8.385	6.412	5.737	4.739	3.76	
	119		39.667	17	10.82	9.154	7	6.263	5.174	4.10	
	129		43	18.43	11.73	9.923	7.588	6.789	5.609	4.45	
	139		46.333	19.86	12.64	10.69	8.176	7.316	6.043	4.79	
	149		49.667	21.29	13.55	11.46	8.765	7.842	6.478	5.14	
	159		53	22.71	14.45	12.23	9.353	8.368	6.913	5.48	
	169		56.333	24.14	15.36	13	9.941	8.895	7.348	5.83	
	179		59.667	25.57	16.27	13.77	10.53	9.421	7.783	6.17	
	189		63	27	17.18	14.54	11.12	9.947	8.217	6.52	
	199		66.333	28.43	18.09	15.31	11.71	10.47	8.652	6.86	
	209		69.667	29.86	19	16.08	12.29	11	9.087	7.21	
	219		73	31.29	19.91	16.85	12.88	11.53	9.522	7.55	
	229		76.333	32.71	20.82	17.62	13.47	12.05	9.957	7.90	
	239		79.667	34.14	21.73	18.38	14.06	12.58	10.39	8.24	
	249		83	35.57	22.64	19.15	14.65	13.11	10.83	8.59	

259	86.333	37	23.55	19.92	15.24	13.63	11.26	8.93
269	89.667	38.43	24.45	20.69	15.82	14.16	11.7	9.28
279	93	39.86	25.36	21.46	16.41	14.68	12.13	9.62
289	96.333	41.29	26.27	22.23	17	15.21	12.57	9.97
299	99.667	42.71	27.18	23	17.59	15.74	13	10.31
309	103	44.14	28.09	23.77	18.18	16.26	13.43	10.66
319	106.33	45.57	29	24.54	18.76	16.79	13.87	11.00
329	109.67	47	29.91	25.31	19.35	17.32	14.3	11.34
339	113	48.43	30.82	26.08	19.94	17.84	14.74	11.69
349	116.33	49.86	31.73	26.85	20.53	18.37	15.17	12.03
359	119.67	51.29	32.64	27.62	21.12	18.89	15.61	12.38
369	123	52.71	33.55	28.38	21.71	19.42	16.04	12.72
379	126.33	54.14	34.45	29.15	22.29	19.95	16.48	13.07
389	129.67	55.57	35.36	29.92	22.88	20.47	16.91	13.41
399	133	57	36.27	30.69	23.47	21	17.35	13.76
409	136.33	58.43	37.18	31.46	24.06	21.53	17.78	14.10
419	139.67	59.86	38.09	32.23	24.65	22.05	18.22	14.45
429	143	61.29	39	33	25.24	22.58	18.65	14.79
439	146.33	62.71	39.91	33.77	25.82	23.11	19.09	15.14
449	149.67	64.14	40.82	34.54	26.41	23.63	19.52	15.48
459	153	65.57	41.73	35.31	27	24.16	19.96	15.83
469	156.33	67	42.64	36.08	27.59	24.68	20.39	16.17
479	159.67	68.43	43.55	36.85	28.18	25.21	20.83	16.52
489	163	69.86	44.45	37.62	28.76	25.74	21.26	16.86
499	166.33	71.29	45.36	38.38	29.35	26.26	21.7	17.21
509	169.67	72.71	46.27	39.15	29.94	26.79	22.13	17.55
519	173	74.14	47.18	39.92	30.53	27.32	22.57	17.90
529	176.33	75.57	48.09	40.69	31.12	27.84	23	18.24
539	179.67	77	49	41.46	31.71	28.37	23.43	18.59
549	183	78.43	49.91	42.23	32.29	28.89	23.87	18.93
559	186.33	79.86	50.82	43	32.88	29.42	24.3	19.28
569	189.67	81.29	51.73	43.77	33.47	29.95	24.74	19.62
579	193	82.71	52.64	44.54	34.06	30.47	25.17	19.97
589	196.33	84.14	53.55	45.31	34.65	31	25.61	20.31
599	199.67	85.57	54.45	46.08	35.24	31.53	26.04	20.66
609	203	87	55.36	46.85	35.82	32.05	26.48	21
・・・						609	21	29.00

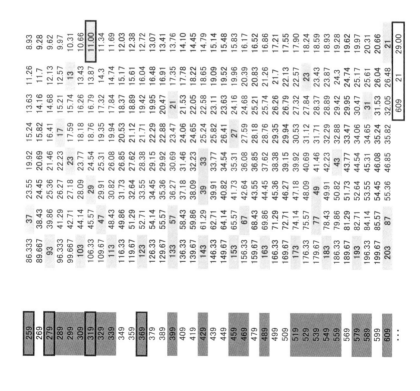

…

7 以下は指定したい数値範囲最大数迄続いて同様事象展開である

8 個人パソコンと手作業限界の為リスト数値表示を609迄とする

三. 分類型縦リスト展開により判明された背景規則性

1 連続型縦リストと違う規則

① 内部倍率メモリ整数生成点は10倍数ずつ整数が伸びる

② 小数点位置の順序が違うが循環不変である

③ 上下2連続の小数点位置揃いの2行リスト数値は双子素数ではない

2 分類型縦リスト特有

外部倍率数の末桁数と内部倍率メモリ整数の末桁数の2数が固定2数である（内倍足数と書く）

四. 素数出現メカニズム

内部倍率メモリ小数点位置揃いの行に反映された数値が素数確定である
連続型縦リストと分類型縦リストの両方とも

五. 双子素数形成原理

① 連続型縦リストで見る場合：上下2連続の小数点位置揃いの2行リスト数値は双子素数の形成となる

② 分類型縦リストで見る場合：異なる2数の列（＋2数値差）に於ける同行並びの2数値が同時に素数確定時点で双子素数の形成となる

第 2 節総括：

一．連続型縦リストと分類型縦リストの展開により　次 2 項も見られる
1) 素数出現メカニズムと双子素数形成原理が判明される

2) 双子素数は計算事項と言うより事象である

二．超軽量/快速計算方法が実現される
（1ー3 以内の計算回数で　任意指定の数値範囲内で全計算の約 1/3 量を全員非素数として引出す簡単計算である）

三．特別説明：
文章中リスト数値表示は 11 から開始としており、その後の計算例は全て 21 から開始とする
（一桁素数と 11、13、17、19 の計 8 個素数はそれ以降の他素数とは違う独自特性があり、これら
詳細説明を次回文章で書く）

四．連続型縦リストも分類縦リストもエクセル搭載普通パソコンで簡単にリスト展開の作成が出来る

五．文章中の用語短縮（タイトル書きの例外がある）

用語	短縮に書く
連続型縦リスト	連続リスト
分類型縦リスト	分類リスト
外部倍率数	外倍
内部倍率数	内倍
内部倍率メモリ	内倍メモリ
内倍メモリ整数生成	整数生成点
内倍メモリ小数点位置	小数点位置
内部倍率数の末桁数	内倍足数
前項に重なる整数生成	重複生成

（文章中の数、値、数値と書く場合は全て正の整数/奇数とする）

第3節　素数本格計算の条件判明(一)

副題:　内部倍率メモリ

3)−1　　内部倍率メモリ循環変化を見る

1 展開例範囲　843－957 (29の2回転)　　(連続型縦リスト)

2 内倍メモリの展開例中の赤い数字循環変化にご注目下さい

(横方向へ関わるべき最大外倍が続き、同様である)

3 各外倍(外倍3から29迄)の各自内倍メモリ行の数と循環回転の規則性が見られる

4 / 5 / 6

リスト数値順	3 メモリ	横向外倍 3 (下向内倍 小数点位置の変化)	7 メモリ	7	11 メモリ	11 下向	13 メモリ	13 下向	17 メモリ	17 下向	19 メモリ	19 下向	23 メモリ	23 下向	29 メモリ	29 下向
841		280.33		120.14		76.45		64.69		49.47		44.26		36.57		29
843		281		120.43		76.64		64.85		49.59		44.37		36.65	1	29.1
845	1	281.67		120.71		76.82		65		49.71		44.47		36.74	2	29.1
847	2	282.33		121		77	1	65.15		49.82		44.58		36.83	3	29.2
849	3	283	1	121.29	1	77.18	2	65.31		49.94		44.68		36.91	4	29.3
851	1	283.67	2	121.57	2	77.36	3	65.46		50.06		44.79		37	5	29.3
853	2	284.33	3	121.86	3	77.55	4	65.62		50.18		44.89	1	37.09	6	29.4
855	3	285	4	122.14	4	77.73	5	65.77		50.29		45	2	37.17	7	29.5
857	1	285.67	5	122.43	5	77.91	6	65.92		50.41	1	45.11	3	37.26	8	29.6
859	2	286.33	6	122.71	6	78.09	7	66.08		50.53	2	45.21	4	37.35	9	29.6
861	3	287	7	123	7	78.27	8	66.23		50.65	3	45.32	5	37.43	10	29.7
863	1	287.67	1	123.29	8	78.45	9	66.38		50.76	4	45.42	6	37.52	11	29.8
865	2	288.33	2	123.57	9	78.64	10	66.54		50.88	5	45.53	7	37.61	12	29.8
867	3	289	3	123.86	10	78.82	11	66.69		51	6	45.63	8	37.7	13	29.9

869	1	289.67	4	124.14	11	79	12	66.85	1	51.12	7	45.74	9	37.78	14	30
871	2	290.33	5	124.43	1	79.18	13	67	2	51.24	8	45.84	10	37.87	15	30
873	3	291	6	124.71	2	79.36	1	67.15	3	51.35	9	45.95	11	37.96	16	30.1
875	1	291.67	7	125	3	79.55	2	67.31	4	51.47	10	46.05	12	38.04	17	30.2
877	2	292.33	1	125.29	4	79.73	3	67.46	5	51.59	11	46.16	13	38.13	18	30.2
879	3	293	2	125.57	5	79.91	4	67.62	6	51.71	12	46.26	14	38.22	19	30.3
881	1	293.67	3	125.86	6	80.09	5	67.77	7	51.82	13	46.37	15	38.3	20	30.4
883	2	294.33	4	126.14	7	80.27	6	67.92	8	51.94	14	46.47	16	38.39	21	30.4
885	3	295	5	126.43	8	80.45	7	68.08	9	52.06	15	46.58	17	38.48	22	30.5
887	1	295.67	6	126.71	9	80.64	8	68.23	10	52.18	16	46.68	18	38.57	23	30.6
889	2	296.33	7	127	10	80.82	9	68.38	11	52.29	17	46.79	19	38.65	24	30.7
891	3	297	1	127.29	11	81	10	68.54	12	52.41	18	46.89	20	38.74	25	30.7
893	1	297.67	2	127.57	1	81.18	11	68.69	13	52.53	19	47	21	38.83	26	30.8
895	2	298.33	3	127.86	2	81.36	12	68.85	14	52.65	1	47.11	22	38.91	27	30.9
897	3	299	4	128.14	3	81.55	13	69	15	52.76	2	47.21	23	39	28	30.9
899	1	299.67	5	128.43	4	81.73	1	69.15	16	52.88	3	47.32	1	39.09	29	31
901	2	300.33	6	128.71	5	81.91	2	69.31	17	53	4	47.42	2	39.17	1	31.1
903	3	301	7	129	6	82.09	3	69.46	1	53.12	5	47.53	3	39.26	2	31.1
905	1	301.67	1	129.29	7	82.27	4	69.62	2	53.24	6	47.63	4	39.35	3	31.2
907	2	302.33	2	129.57	8	82.45	5	69.77	3	53.35	7	47.74	5	39.43	4	31.3
909	3	303	3	129.86	9	82.64	6	69.92	4	53.47	8	47.84	6	39.52	5	31.3
911	1	303.67	4	130.14	10	82.82	7	70.08	5	53.59	9	47.95	7	39.61	6	31.4
913	2	304.33	5	130.43	11	83	8	70.23	6	53.71	10	48.05	8	39.7	7	31.5
915	3	305	6	130.71	1	83.18	9	70.38	7	53.82	11	48.16	9	39.78	8	31.6
917	1	305.67	7	131	2	83.36	10	70.54	8	53.94	12	48.26	10	39.87	9	31.6
919	2	306.33	1	131.29	3	83.55	11	70.69	9	54.06	13	48.37	11	39.96	10	31.7
921	3	307	2	131.57	4	83.73	12	70.85	10	54.18	14	48.47	12	40.04	11	31.8
923	1	307.67	3	131.86	5	83.91	13	71	11	54.29	15	48.58	13	40.13	12	31.8
925	2	308.33	4	132.14	6	84.09	1	71.15	12	54.41	16	48.68	14	40.22	13	31.9
927	3	309	5	132.43	7	84.27	2	71.31	13	54.53	17	48.79	15	40.3	14	32
929	1	309.67	6	132.71	8	84.45	3	71.46	14	54.65	18	48.89	16	40.39	15	32
931	2	310.33	7	133	9	84.64	4	71.62	15	54.76	19	49	17	40.48	16	32.1
933	3	311	1	133.29	10	84.82	5	71.77	16	54.88		49.11	18	40.57	17	32.2
935	1	311.67	2	133.57	11	85	6	71.92	17	55		49.21	19	40.65	18	32.2
937	2	312.33	3	133.86	1	85.18	7	72.08		55.12		49.32	20	40.74	19	32.3
939	3	313	4	134.14	2	85.36	8	72.23		55.24		49.42	21	40.83	20	32.4
941	1	313.67	5	134.43	3	85.55	9	72.38		55.35		49.53	22	40.91	21	32.4

943	2	314.33	6	134.71	4	85.73	10	72.54		55.47		49.63	23	41	22	32.5	
945	3	315	7	135	5	85.91	11	72.69		55.59		49.74		41.09	23	32.6	
947	1	315.67		135.29	6	86.09	12	72.85		55.71		49.84		41.17	24	32.7	
949	2	316.33		135.57	7	86.27	13	73		55.82		49.95		41.26	25	32.7	
951	3	317		135.86	8	86.45		73.15		55.94		50.05		41.35	26	32.8	
953	1	317.67		136.14	9	86.64		73.31		56.06		50.16		41.43	27	32.9	
955	2	318.33		136.43	10	86.82		73.46		56.18		50.26		41.52	28	32.9	
957	3	319		136.71	11	87		73.62		56.29		50.37		41.61	29	33	
959		319.67	7	137		87.18		73.77		56.41		50.47		41.7		33.1	
961		320.33		137.29		87.36		73.92		56.53		50.58		41.78		33.1	31x31
···																	
1001	3	333.67	7	143	11	91	13	77	17	58.88	19	52.68	23	43.52	29	34.5	
1003	3	334.33	7	143.29	11	91.18	13	77.15	17	59	19	52.79	23	43.61	29	34.6	
···																	
···																	

7 以降は指定したい最大数値迄続き、同様事象展開である

3)-2　本格計算に関わる内倍メモリ規則性

1 一回循環の内倍メモリの行の数は該当外倍の自身数と同数である

2 内倍メモリ数は1の整数と1以外の全員が小数点の構成である

3 内倍メモリ行数（赤い数字部）はリスト数値増に伴い、循環で回転するが小数点位置は不変である

4 内倍メモリの整数生成点が非素数の形成となる

5 内倍メモリ小数点位置揃いの行の出現はリスト数値の素数の出現である

6 内倍メモリ小数点位置揃いは上下2行連続出現の場合　双子素数の形成となる

7 関わるべき各外倍の各自内倍メモリの位置は確定関係である

例え

外倍の値	内倍メモリの行数の計	小数点位置の行数の計	整数の数
3	3	2	1
7	7	6	1
11	11	10	1
13	13	12	1
17	17	16	1
19	19	18	1
23	23	22	1
29	29	28	1
・・・			
・・・			

以降は同様展開である

3)-3 非素数が確定となる内倍整数生成点の有効性条件の判明(有効整数生成点)

1 外倍と内倍の数値が同時に素数(小大の順)であれば、初めて有効な整数生成点となり、非素数確定役割となる

2 非素数を確定する役割を持つ有効な整数生成点

① 外倍3と全奇数順の掛算結果値
② 外倍7と以降では異なる2素数の掛算の結果値(小大の順)
③ 外倍7と以降では外倍自身数(素数)のn次乗の値
④ 外倍7と以降では外倍自身数(素数)より大きい奇数順(3の整数倍数以外の非素数奇数)との掛算結果値
(④の項は数値増大に伴い、素数の数が希薄傾向に変る本当の原因である)

3 外倍の数値は素数でない奇数の場合、齎す内倍整数生成点が全て前項に重なり、非素数確定の役割が無い

4 外倍(素数)と内倍メモリの整数(素数でない奇数)との掛算結果において前項整数生成に重なる整数生成が多い

第3節総括：

一．内部倍率メモリの重要性は理解される

1）　内倍メモリ規則性により素数と非素数の背景違いが明らかになる

2）　非素数確定役割の有無が見える

3）　内倍メモリ利用による素数計算課題実現可能な条件が見える

二．素数（双子素数を含む）出現と分布を求める計算は配列組合せ課題である理解が深まる

第4節　素数本格計算の条件判明（二）

副題：　3項データと有効整数生成

4)-1　　3項データ

1 リスト数値背景規則性判明により、素数本格計算為に下記3項データが最重要条件である事は解明された

① データ1：　任意指定で数値範囲最大数の確定	N	と記す
② データ2：　Nの√値の明記（最大外倍の数）	SD	と記す
③ データ3：　外倍3からSD迄数える個数の計の明記	KS	と記す

2 **3項データの例：**

① 最大数の指定:	N	841	（指定/確定）
② 最大外倍の確定	SD	29	（841の√値）
③ SD迄外倍個数の計	KS	8	3から29迄数える外倍（素数）個数の計 (3,7,11,13,17,19,23,29)

3 **解説**

3項データとは言うが実質は指定の最大数1項のデータだけであり、最大数だけ確定すれば最大数の中に含まれた最大の外部倍率数と3から最大外倍迄数える個数の計が連動確定となる

4)-2　有効整数生成に関するSDとKS

1 **通常　任意指定数値Nが素数か素数でないかを検証する方法と手順を考える**

① Nに対し　3、7、11・・・最終回数値迄の順（外倍相当）で　割り算を行なっていく
割り算式：**N/a=b**

N	任意指定の数値	
a	外倍相当	3から利用開始
b	内倍メモリ相当	N/aの結果として続く

② 途中で整数結果（内倍整数生成点相当）が出れば　Nが非素数確定となり、計算終了する
b1　整数割り切れの結果値となる

③ 最終回数値との割り算の結果迄　全員小数点付き結果であれば　Nが素数確定となる
b2　整数で割切れる結果値がなく全員小数点付き結果値である

④ Nに対して3からの割り算継続途中　aとb2数は段々接近数値になり、逆転となる迄計算を続ける（途中で整数結果が出ない限り）

2 **最終回数値の決め方はNの√値（整数/奇数への修正が必要）である**

① 予定する割り算の最終回数値は最大外倍相当であり、SDである
② 3からSD迄数える個数の計はKSとなる
③ Nさえ確定すれば、SDもKSも連動確定のデータとして　Nの内部に含まれている

3 **前項外倍に次ぐ次項外倍ともに素数の続きである場合、3から数える個数集計KSは有効KS数値である**

4 **SDは関わるべき数多い外倍の中の最大外倍と同時に最大外倍の数値でもある**

5 **KSとSDの比例数関係は本格計算為の最重要条件となる**

6 **有効なKSとSDの2数関係により、有効整数生成が形成される効率計算となる**

第４節総括：

一．３項データの条件判明により素数本格計算が可能となる

二．素数（双子素数を含む）の出現、分布を求める計算は容易になる

三．３項データ（N、SD、KS）は素数課題の全てが決まる

第5節　《素数出現率》の判明

副題：　二数比例関係判明は真相中の真相となる

5)−1　素数出現率の判明

1 二数の比例式で素数に関わる計算課題が全て解決可能となる

$$\frac{\text{KS}}{\text{SD}} \qquad \frac{\text{外倍個数の計}}{\text{最大外倍の値}}$$

① KSの個数を持つSD巾に於ける非素数と素数の数が全て確定となる関係が判明した

② 指定最大数の増に伴い、KSとSDの数値が増変化するが、2項比例数が確定で、素数存在数も増加方向への連動で決まっている

③ 素数出現率とはKS/SDの比例数であり、それに基づく素数存在数計算は本格な計算となる

2 解説：

① N確定となれば、KS/SDが連動確定となり　Nにおける唯一の二数比例式である

② SD巾の数値は最大外倍自身数と同数であり、また該当の内倍メモリの行数でもある

③ KS個数により　内倍メモリ整数生成の有効形成の数が決まり、全て非素数となる

④ SD巾内に於けるKSの限界で　整数生成がゼロ結果（小数点位置揃い）の行は必ず出現する

⑤ 連動確定のKSを持つSD巾において　素数が100%存在する（ゼロ結果の行）

⑥ Nの増大に伴いKSもSDも数値増となるが、　比例数が低下する特性がある

⑦ KS/SD　素数出現率に基づく素数出現の位置計算例は第6節に書く

5)−2　素数出現率の低下特性

1 Nの数値増に伴い　KSとSDの二数も増加にはなるが、比例率が段々低下する点が重要な特性である

例え：

	N		SD		KS	KS/SD	比例率
N	529	SD	23	KS	7	7//23	0.3043
N1	841	SD1	29	KS1	8	8//29	0.2759
N2	961	SD2	31	KS2	9	9/31	0.2903
N3	1369	SD3	37	KS3	10	10/37	0.2703
N4	1681	SD4	41	KS4	11	11/41	0.2683
N5	1849	SD5	43	KS5	12	12/43	0.2791
N6	2209	SD6	47	KS6	13	13/47	0.2766
···		···		···		···	
Nn	10201	SDn	101	KSn	24	24/101	0.2376
···		···		···		···	
···		···		···		···	
毎回大幅増		毎回少なくとも2か2以上の		毎回＋1だけ増		比例率低下傾向	

2 **解説**

① N数値増に伴い、素数出現の絶対数も増えるが、Nにおける比例数が低下していく

② 素数出現率の低下特性判明により、数値増に伴い、素数出現数が何故希薄に見えるかが理解される

5)-3　SD巾内に於ける内倍整数生成点の総数集計式と集計例：

① 数値範囲の最大数を841に指定した場合

例え：	最大数指定	N	841
		SD	29
		KS	8

② SD巾内に於けるKS項迄の整数生成点総数集計式

$$\frac{SD}{3}+\frac{SD}{7}+\frac{SD}{11}+\frac{SD}{13}+\frac{SD}{17}+\frac{SD}{19}+\cdots+\frac{SD}{SD}$$

③ 単項の数はKSと同数であり、計8項である （3、7、11、13、17、19、23、29）

④ SD29巾内に於けるKS項迄の整数生成点総数集計例

$$\frac{29}{3}+\frac{29}{7}+\frac{29}{11}+\frac{29}{13}+\frac{29}{17}+\frac{29}{19}+\frac{29}{23}+\frac{29}{29}$$

⑤ 整数の部の集計計算（概算）

割り算結果	9.6667	4.142	2.636	2.23	1.705	1.526	1.26	1	
整数の部	10	4	3	2	2	2	1	1	25
四捨五入要									

⑥ SD29の巾内に於けるKS8がもたらす整数生成の総数が25回ある意味であり、整数生成の概算であり非素数の正味存在数ではない（計算の開始位置、末桁数5の存在を考慮しない総数の集計である）
正解を出す計算式は第6節、第7節に詳細説明がある （重複生成と末桁数5の数を取り除く計算）

5)−4　指定の最大数N巾に於ける内倍整数生成点の総数集計式と集計例：

① 数値範囲の最大数Nを841に指定した場合

例え：	最大数指定	N	841
		SD	29
		KS	8

② KS項迄の総数集計式

$$\frac{N}{3}+\frac{N}{7}+\frac{N}{11}+\frac{N}{13}+\frac{N}{17}+\frac{N}{19}+\cdots+\frac{N}{SD}$$

③ 単項の数はKSと同数であり、計8項である （3、7、11、13、17、19、23、29）

④ 集計例（概算）

$$\frac{841}{3}+\frac{841}{7}+\frac{841}{11}+\frac{841}{13}+\frac{841}{17}+\frac{841}{19}+\frac{841}{23}+\frac{841}{29}$$

⑤ 整数の部の集計計算（概算）

割り算結果	280.33	120.14	76.45	64.69	49.47	44.26	36.56	29.00	
整数の部	280	120	76	65	49	44	37	29	700
四捨五入要									

⑥ N841の巾内に於けるKS8がもたらす整数生成の総数が700回ある意味であり、整数生成の概算であり非素数の正味存在数ではない（計算の開始位置、末桁数5の存在を考慮しない総数の集計である）
正解を出す計算式は第6節、第7節に詳細説明がある （重複生成と末桁数5の数を取り除く計算）

5)–5　素数出現率低下特性の要点

1 三項データの変化規則

	毎回
N	大幅増
SD	少なくとも＋2或いは2以上
KS	毎回＋1だけである

2 三項データの変化規則とKS/SD比例率低下特性が素数真相の重要内容であり、全ての素数課題解決為の法則利用が可能となる

3 SD1はSDの次項素数である場合　SD平方値とSD1平方値の2数値差の範囲はSD1の完璧な範囲となる（SD2による整数生成の有効形成が可能となる）

4 もしSD1がSDの次項素数でなく、次項素数より小さい数値の場合　SD1がもたらす整数生成が全て此れまでの前項に重なることとなり、有効な形成にならない

5 SD1がSDの次項素数でなく且つ次項素数より小さい数値の場合　前項SD迄のKS/SD比例が維持される

5)−6　N巾に於けるKS値との比例数も低下傾向を見られる

1 N巾に於けるKS数の比例

$$\frac{KS}{N}$$

2 KS,SDとNの3項データの変化特性の判明で　指定の最大数値増に伴う多く素数課題が容易に解決される

$\frac{KS}{SD}$	分子	毎回＋1のみ
	分母	毎回少なくとも＋2或いは以上
N	分母	毎回大幅の数値増

2数平方数値の差　（前項と次項最大数は前次項外倍の2数平方数指定の場合）

3 **N　＞　SD　＞　KS**

① NはSDより大きい

② SDはKSより大きい

5)−7　**素数本格計算の課題が解決される**

1 内倍メモリの規則、計算条件、3項データ間関連と数値増に伴う変化規則、整数生成点集計式等の判明により素数出現率に繋がる解明となる

2 素数出現率により素数本格計算の課題が容易に解決される（素数出現の計算は主要難題中の1つである）

3 素数本格計算とはSD巾内に於けるKSが齎す整数生成点位置数と整数生成点ゼロ位置を計算することである

4 整数生成点存在ゼロ位置は素数である

5 整数生成点存在ゼロ位置が上下2連続の場合　双子素数である（末桁数5の位置が含まれていない時点の2連続）

（本格計算の計算例は第6節をご参照下さい）

5)-8　素数出現率と比例数低下特性により下記4つ課題が容易に証明される

1 4つ課題とは

① 素数が無限に存在するか　（直接証明である）

② 既知最大素数に＋数値増しても未知/新/大素数が存在するか

③ 数値増に伴い、何故　素数存在数が希薄に見られるか

④ ルジャンドル予想

2 課題が4つあるとは言うが　同一原理の元にある為　容易に解決される

（4つ課題証明の詳細は第9節をご参照下さい）

第 5 節総括：

一. 3 項データの役割

N、SD、KS の 3 項データ判明により　素数計算課題が全て解決可能となる

二. 二数比例式の意味

素数出現率（二数比例式）は SD 巾内において当 SD 相応の KS が齎せる整数生成点の計と整数生成点のゼロ位置が全て確定となる

三. 素数本格計算が実現可能となる

素数出現率の利用により、素数存在の SD 位置に対する直接計算が可能となり、本格計算が実現される（第 6 節は計算例である）

四．他の未解決計算課題も解決可能となる

3項データ数値増変化規則性判明により、他の未解決課題も解決される

五．素数出現率は素数真相中の真相である

第6節　# 素数本格計算

副題：　SD巾内に於ける非素数、素数と双子素数が同時に計算される

6)-1　素数出現率による本格計算例

1 3項データの確定

①	N	841	リスト数値最大数の指定
②	SD	29	最大数指定による連動確定
③	KS	8	最大数指定による連動確定

2 SD位置の数と1循環巾内位置にセットされたリスト数値

① SD位置の数　1—29

② SD1循環巾内位置にセットされたリスト数値　843-899

（SD29にセットするリスト数値が何故843から開始するか解説欄詳細説明をご参照下さい）

SD29	横向外倍		3		7		11		13		17		19		23		29
KS8	外倍個数		1		2		3		4		5		6		7		8
SD位置	リスト数値																
	841	3	280.3333	7	120.14	11	76.45	13	64.7	17	49.5	19	44.3	23	36.6	29	29
1	843	3	281	7	120.43	11	76.64	13	64.8	17	49.6	19	44.4	23	36.7	29	29.1
2	845	3	281.6667	7	120.71	11	76.82	13	65	17	49.7	19	44.5	23	36.7	29	29.1
3	847	3	282.3333	7	121	11	77	13	65.2	17	49.8	19	44.6	23	36.8	29	29.2
4	849	3	283	7	121.29	11	77.18	13	65.3	17	49.9	19	44.7	23	36.9	29	29.3
5	851	3	283.6667	7	121.57	11	77.36	13	65.5	17	50.1	19	44.8	23	37	29	29.3
6	853	3	284.3333	7	121.86	11	77.55	13	65.6	17	50.2	19	44.9	23	37.1	29	29.4
7	855	3	285	7	122.14	11	77.73	13	65.8	17	50.3	19	45	23	37.2	29	29.5

8	857		3	285.6667	7	122.43	11	77.91	13	65.9	17	50.4	19	45.1	23	37.3	29	29.6
9	859		3	286.3333	7	122.71	11	78.09	13	66.1	17	50.5	19	45.2	23	37.3	29	29.6
10	861		3	287	7	123	11	78.27	13	66.2	17	50.6	19	45.3	23	37.4	29	29.7
11	863		3	287.6667	7	123.29	11	78.45	13	66.4	17	50.8	19	45.4	23	37.5	29	29.8
12	865		3	288.3333	7	123.57	11	78.64	13	66.5	17	50.9	19	45.5	23	37.6	29	29.8
13	867		3	289	7	123.86	11	78.82	13	66.7	17	51	19	45.6	23	37.7	29	29.9
14	869		3	289.6667	7	124.14	11	79	13	66.8	17	51.1	19	45.7	23	37.8	29	30
15	871		3	290.3333	7	124.43	11	79.18	13	67	17	51.2	19	45.8	23	37.9	29	30
16	873		3	291	7	124.71	11	79.36	13	67.2	17	51.4	19	45.9	23	38	29	30.1
17	875		3	291.6667	7	125	11	79.55	13	67.3	17	51.5	19	46.1	23	38	29	30.2
18	877		3	292.3333	7	125.29	11	79.73	13	67.5	17	51.6	19	46.2	23	38.1	29	30.2
19	879		3	293	7	125.57	11	79.91	13	67.6	17	51.7	19	46.3	23	38.2	29	30.3
20	881		3	293.6667	7	125.86	11	80.09	13	67.8	17	51.8	19	46.4	23	38.3	29	30.4
21	883		3	294.3333	7	126.14	11	80.27	13	67.9	17	51.9	19	46.5	23	38.4	29	30.4
22	885		3	295	7	126.43	11	80.45	13	68.1	17	52.1	19	46.6	23	38.5	29	30.5
23	887		3	295.6667	7	126.71	11	80.64	13	68.2	17	52.2	19	46.7	23	38.6	29	30.6
24	889		3	296.3333	7	127	11	80.82	13	68.4	17	52.3	19	46.8	23	38.7	29	30.7
25	891		3	297	7	127.29	11	81	13	68.5	17	52.4	19	46.9	23	38.7	29	30.7
26	893		3	297.6667	7	127.57	11	81.18	13	68.7	17	52.5	19	47	23	38.8	29	30.8
27	895		3	298.3333	7	127.86	11	81.36	13	68.8	17	52.6	19	47.1	23	38.9	29	30.9
28	897		3	299	7	128.14	11	81.55	13	69	17	52.8	19	47.2	23	39	29	30.9
29	899		3	299.6667	7	128.43	11	81.73	13	69.2	17	52.9	19	47.3	23	39.1	29	31

3 SD巾内位置の計算と照合

① SD29に於ける実数計算
② SD巾初回出現位置
③ 単独整数生成の集計
（初回出現位置に該当外倍自身数を足す/毎回）

										整数生成点有の回数ゼロ位置の照合計算
1	843	1								1
2	845				2					1
3	847		3	3						2
4	849	4								1
5	851							5		1
6	853									0
7	855	7					7			2
8	857									0
9	859									0
10	861	10	10							2
11	863									0
12	865									0
13	867	13				13				2
14	869			14						1
15	871				15					1
16	873	16								1
17	875		17							1
18	877									0
19	879	19								1
20	881									0
21	883									0
22	885	22								1
23	887									0
24	889		24							1
25	891	25		25						2
26	893						26			1
27	895									0
28	897	28			28			28		3
29	899								29	1
	＋	3	7	11	13	17	19	23	29	26
④ SD位置越えは計上しない		31	31	36	41	30	45	51	58	
SD位置越え数値は次回循環の初回出現位置となる										26

⑤ 整数生成総数

4 SD位置にセットされたリスト数値を整数生成点出現の回数に照合する

SD位置の順	位置セットリスト数値	整数生成有無
1	843	1
2	845	1
3	847	2
4	849	1
5	851	1
6	853	0
7	855	2
8	857	0
9	859	0
10	861	2
11	863	0
12	865	0
13	867	2
14	869	1
15	871	1
16	873	1
17	875	1
18	877	0
19	879	1
20	881	0
21	883	0
22	885	1
23	887	0
24	889	1
25	891	2
26	893	1
27	895	0
28	897	3
29	899	1
整数生成総数		26

5 照合結果と素数存在数の計算

① SD位置数	29	
② 整数生成有の位置数	19	
③ ゼロ生成の位置数	10	(29−19=10)
④ 末桁数5に重なるゼロ位置	2	
⑤ **素数存在数の計**	**8**	(10−2=8)

6 素数出現のゼロ位置と素数確定

① 整数生成点出現回数のゼロ位置にセットされたリスト数値は素数である

SD位置	リスト数値	ゼロ回数
6	853	0
8	857	0
9	859	0
11	863	0
12	865	0
18	877	0
20	881	0
21	883	0
23	887	0
27	895	0
計	8	10

② 照合結果には上記10個のゼロ回数位置がある中で12と27位置はリスト数値末桁数5に当る為、2つ位置を外す

③ 末桁数5に重なるゼロ位置を外した後　8個素数の存在が判明される　10−2=8

④ SD29巾内位置にセットされたリスト843−899数値範囲内に各々数値表示を持つ素数が8つある計算結果である

SD位置	リスト数値は素数である	ゼロ回数
6	853	0
8	857	0
9	859	0
11	863	0
18	877	0
20	881	0
21	883	0
23	887	0

⑤ SD29巾内1循環（843開始）において、各々数値判明した素数が8個存在する計算と照合結果となる

7 双子素数の出現

	出現回数	SD位置
① ゼロの連番	3	8と9
		11と12
		20と21
② 末桁数5に重なるゼロ連番	1	12
③ 双子素数となる連番出現の数	2	8と9
		20と21
	3−1＝2	11と12を外す

SD位置	リスト数値	ゼロ回数

6	853	0
8	857	0
9	859	0
11	863	0
12	**865**	0
18	877	0
20	881	0
21	883	0
23	887	0
27	**895**	0

④ リスト数値の双子素 857と859　8と9
881と883　20と21

⑤ **SD29の1循環（843開始）巾において、双子素数が2組存在する判明となる**

8 **解説**：

① SD相応のKSが齎すSD巾内の整数生成点の有無位置を計算し、セットされたリスト数値に照合する計算である
（末桁数5のリスト数値を含まない）

② KS/SDによる計算適用数値範囲はSD平方数とSD1平方数の2数差の数値範囲である
最大数841に確定

SD	29	
KS	8	
SD1	31	（次項外倍素数）

SD平方数	**841**
SD1平方数	**961**

KS/SDによる計算適用数値範囲：　843－961

（上記計算例はSD29の１循環数値範囲であり、843-899となる）

③ 841迄数値範囲内の計算の場合はSD29の前項SDとKSの2数比例数（7/23）となる

④ 例え

	N		SD	KS
最大数指定	841		29	8
SD29の前項SD	529	23x23	23	7
SD29の次項SD	961	31x31	31	9

⑤ 素数出現率（二数比例式）の効率計算適用数値範囲の例

指定最大数によるKS/SD		**計算適用数値範囲**
529のKS/SD	7/23となり	531（529＋2）－841（29x29）
841のKS/SD	8/29となり	843（841＋2）－961（31x31）
961のKS/SD	9/31となり	963（961+2）－1369（37x37）（SD31の次項は　37である）

⑥ 双子素数のSD位置計算は配列組合せ課題である

6)−2　リスト数値増に伴うSD位置循環と次項SD切り替えの変化例

1 数値増に伴う3項データの増加変化

	N			SD		KS
N1	529	（23x23）	SD1	23	KS1	7
N2	841	（29x29）	SD2	29	KS2	8
N3	961	（31x31）	SD3	31	KS3	9
N4	1369	（37x37）	SD4	37	KS4	10
N5	1681	（41x41）	SD5	41	KS5	11

2 循環と位置とSD値の変化

	循環/位置/SD値変化
SD23	一部
SD29	2循環＋2位置
SD31	6循環＋18位置
SD37	4循環＋8位置
SD41	一部

3 太線枠はSD巾内初回整数生成位置

4

	SD位置	リスト数値																		
5	SD23	803	3	267.67	7	114.7	11	73	13	61.77	17	47.24	19	42	23	34.9	29		31	37
		805	3	268.33	7	115	11	73	13	61.92	17	47.35	19	42	23	35	29		31	37
		807	3	269	7	115.3	11	73	13	62.08	17	47.47	19	42	23	35.1	29		31	37

		809		3	269.67	7	115.6	11	74	13	62.23	17	47.59	19	43	23	35.2	29		31		37	
		811		3	270.33	7	115.9	11	74	13	62.38	17	47.71	19	43	23	35.3	29		31		37	
		813		3	271	7	116.1	11	74	13	62.54	17	47.82	19	43	23	35.3	29		31		37	
		815		3	271.67	7	116.4	11	74	13	62.69	17	47.94	19	43	23	35.4	29		31		37	
		817		3	272.33	7	116.7	11	74	13	62.85	17	48.06	19	43	23	35.5	29		31		37	
		819		3	273	7	117	11	74	13	63	17	48.18	19	43	23	35.6	29		31		37	
		821		3	273.67	7	117.3	11	75	13	63.15	17	48.29	19	43	23	35.7	29		31		37	
		823		3	274.33	7	117.6	11	75	13	63.31	17	48.41	19	43	23	35.8	29		31		37	
		825		3	275	7	117.9	11	75	13	63.46	17	48.53	19	43	23	35.9	29		31		37	
		827		3	275.67	7	118.1	11	75	13	63.62	17	48.65	19	44	23	36	29		31		37	
		829		3	276.33	7	118.4	11	75	13	63.77	17	48.76	19	44	23	36	29		31		37	
		831		3	277	7	118.7	11	76	13	63.92	17	48.88	19	44	23	36.1	29		31		37	
		833		3	277.67	7	119	11	76	13	64.08	17	49	19	44	23	36.2	29		31		37	
		835		3	278.33	7	119.3	11	76	13	64.23	17	49.12	19	44	23	36.3	29		31		37	
		837		3	279	7	119.6	11	76	13	64.38	17	49.24	19	44	23	36.4	29		31	27	37	
		839		3	279.67	7	119.9	11	76	13	64.54	17	49.35	19	44	23	36.5	29		31		37	
		841	29x29	3	280.33	7	120.1	11	76	13	64.69	17	49.47	19	44	23	36.6	29	29	31		37	
6 SD29/1	1	843		3	281	7		11		13		17		19		23		29		31		37	
	2	845		3	281.67	7		11		13	65	17		19		23		29		31		37	
	3	847		3	282.33	7	121	11	77	13	65.15	17		19		23		29		31		37	
	4	849		3	283	7	121.3	11	77	13	65.31	17		19		23		29		31		37	
	5	851		3	283.67	7	121.6	11	77	13	65.46	17		19		23	37	29		31		37	23
	6	853		3	284.33	7	121.9	11	78	13	65.62	17		19		23	37.1	29		31		37	
	7	855		3	285	7	122.1	11	78	13	65.77	17		19	45	23	37.2	29		31		37	
	8	857		3	285.67	7	122.4	11	78	13	65.92	17		19	45	23	37.3	29		31		37	
	9	859		3	286.33	7	122.7	11	78	13	66.08	17		19	45	23	37.3	29		31		37	

	10	861		3	287	7	123	11	78	13	66.23	17		19	45	23	37.4	29		31		37
	11	863		3	287.67	7	123.3	11	78	13	66.38	17		19	45	23	37.5	29		31		37
	12	865		3	288.33	7	123.6	11	79	13	66.54	17		19	46	23	37.6	29		31		37
	13	867		3	289	7	123.9	11	79	13	66.69	17	51	19	46	23	37.7	29		31		37
	14	869		3	289.67	7	124.1	11	79	13	66.85	17	51.12	19	46	23	37.8	29		31		37
	15	871		3	290.33	7	124.4	11	79	13	67	17	51.24	19	46	23	37.9	29		31		37
	16	873		3	291	7	124.7	11	79	13	67.15	17	51.35	19	46	23	38	29		31		37
	17	875		3	291.67	7	125	11	80	13	67.31	17	51.47	19	46	23	38	29		31		37
	18	877		3	292.33	7	125.3	11	80	13	67.46	17	51.59	19	46	23	38.1	29		31		37
	19	879		3	293	7	125.6	11	80	13	67.62	17	51.71	19	46	23	38.2	29		31		37
	20	881		3	293.67	7	125.9	11	80	13	67.77	17	51.82	19	46	23	38.3	29		31		37
	21	883		3	294.33	7	126.1	11	80	13	67.92	17	51.94	19	46	23	38.4	29		31		37
	22	885		3	295	7	126.4	11	80	13	68.08	17	52.06	19	47	23	38.5	29		31		37
	23	887		3	295.67	7	126.7	11	81	13	68.23	17	52.18	19	47	23	38.6	29		31		37
	24	889		3	296.33	7	127	11	81	13	68.38	17	52.29	19	47	23	38.7	29		31		37
	25	891		3	297	7	127.3	11	81	13	68.54	17	52.41	19	47	23	38.7	29		31		37
	26	893		3	297.67	7	127.6	11	81	13	68.69	17	52.53	19	47	23	38.8	29		31		37
	27	895		3	298.33	7	127.9	11	81	13	68.85	17	52.65	19	47	23	38.9	29		31		37
	28	897		3	299	7	128.1	11	82	13	69	17	52.76	19	47	23	39	29		31		37
	29	899		3	299.67	7	128.4	11	82	13	69.15	17	52.88	19	47	23	39.1	29	31	31	29	37
SD29/2	1	901		3		7		11		13		17	53	19		23		29		31		37
	2	903		3	301	7	129	11		13		17	53.12	19		23		29		31		37
	3	905		3	301.67	7	129.3	11		13		17	53.24	19		23		29		31		37
	4	907		3	302.33	7	129.6	11		13		17	53.35	19		23		29		31		37
	5	909		3	303	7	129.9	11		13		17	53.47	19		23		29		31		37
	6	911		3	303.67	7	130.1	11		13		17	53.59	19		23		29		31		37
	7	913		3	304.33	7	130.4	11	83	13		17	53.71	19		23		29		31		37
	8	915		3	305	7	130.7	11	83	13		17	53.82	19		23		29		31		37
	9	917		3	305.67	7	131	11	83	13		17	53.94	19		23		29		31		37
	10	919		3	306.33	7	131.3	11	84	13		17	54.06	19		23		29		31		37

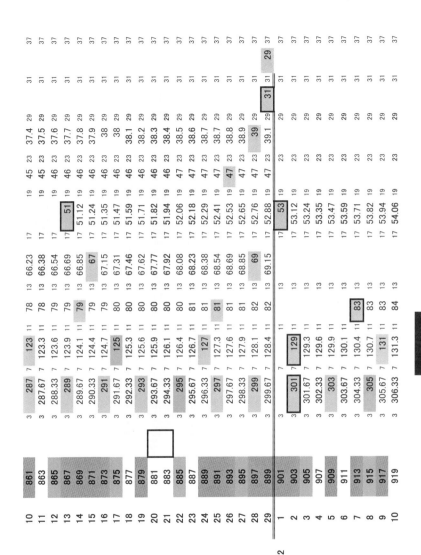

	11	921	3	307	7	131.6	11	84	13		17	54.18	19		23		29		31		37	
	12	923	3	307.67	7	131.9	11	84	13	71	17	54.29	19		23		29		31		37	
	13	925	3	308.33	7	132.1	11	84	13	71.15	17	54.41	19		23		29		31		37	25
	14	927	3	309	7	132.4	11	84	13	71.31	17	54.53	19		23		29		31		37	
	15	929	3	309.67	7	132.7	11	84	13	71.46	17	54.65	19		23		29		31		37	
	16	931	3	310.33	7	133	11	85	13	71.62	17	54.76	19	49	23		29		31		37	
	17	933	3	311	7	133.3	11	85	13	71.77	17	54.88	19	49	23		29		31		37	
	18	935	3	311.67	7	133.6	11	85	13	71.92	17	55	19	49	23		29		31		37	
	19	937	3	312.33	7	133.9	11	85	13	72.08	17	55.12	19	49	23		29		31		37	
	20	939	3	313	7	134.1	11	85	13	72.23	17	55.24	19	49	23		29		31		37	
	21	941	3	313.67	7	134.4	11	86	13	72.38	17	55.35	19	50	23		29		31		37	
	22	943	3	314.33	7	134.7	11	86	13	72.54	17	55.47	19	50	23	41	29		31		37	
	23	945	3	315	7	135	11	86	13	72.69	17	55.59	19	50	23	41.1	29		31		37	
	24	947	3	315.67	7	135.3	11	86	13	72.85	17	55.71	19	50	23	41.2	29		31		37	
	25	949	3	316.33	7	135.6	11	86	13	73	17	55.82	19	50	23	41.3	29		31		37	
	26	951	3	317	7	135.9	11	86	13	73.15	17	55.94	19	50	23	41.3	29		31		37	
	27	953	3	317.67	7	136.1	11	87	13	73.31	17	56.06	19	50	23	41.4	29		31		37	
	28	955	3	318.33	7	136.4	11	87	13	73.46	17	56.18	19	50	23	41.5	29		31		37	
	29	957	3	319	7	136.7	11	87	13	73.62	17	56.29	19	50	23	41.6	29	33	31		37	
SD29/3	1	959	3		7	137	11		13		17		19		23		29	33.1	31		37	
	2	961	3		7	137.3	11		13		17		19		23		29	33.1	31	31	37	
7 SD31/1	1	963	3	321	7		11		13		17		19		23		29		31		37	
	2	965	3	321.67	7		11		13		17		19		23		29		31		37	
	3	967	3	322.33	7		11		13		17		19		23		29		31		37	
	4	969	3	323	7		11		13		17	57	19	51	23		29		31		37	
	5	971	3	323.67	7		11		13		17	57.12	19	51	23		29		31		37	
	6	973	3	324.33	7	139	11		13		17	57.24	19	51	23		29		31		37	
	7	975	3	325	7	139.3	11		13	75	17	57.35	19	51	23		29		31		37	
	8	977	3	325.67	7	139.6	11		13	75.15	17	57.47	19	51	23		29		31		37	

	9	979	3	326.33	7	139.9	11	89	13	75.31	17	57.59	19	52	23		29		31		37	
	10	981	3	327	7	140.1	11	89	13	75.46	17	57.71	19	52	23		29		31		37	
	11	983	3	327.67	7	140.4	11	89	13	75.62	17	57.82	19	52	23		29		31		37	
	12	985	3	328.33	7	140.7	11	90	13	75.77	17	57.94	19	52	23		29		31		37	
	13	987	3	329	7	141	11	90	13	75.92	17	58.06	19	52	23		29		31		37	
	14	989	3	329.67	7	141.3	11	90	13	76.08	17	58.18	19	52	23	43	29		31		37	
	15	991	3	330.33	7	141.6	11	90	13	76.23	17	58.29	19	52	23	43.1	29		31		37	
	16	993	3	331	7	141.9	11	90	13	76.38	17	58.41	19	52	23	43.2	29		31		37	
	17	995	3	331.67	7	142.1	11	90	13	76.54	17	58.53	19	52	23	43.3	29		31		37	
	18	997	3	332.33	7	142.4	11	91	13	76.69	17	58.65	19	52	23	43.3	29		31		37	
	19	999	3	333	7	142.7	11	91	13	76.85	17	58.76	19	53	23	43.4	29		31		37	27
	20	1001	3	333.67	7	143	11	91	13	77	17	58.88	19	53	23	43.5	29		31		37	
	21	1003	3	334.33	7	143.3	11	91	13	77.15	17	59	19	53	23	43.6	29		31		37	
	22	1005	3	335	7	143.6	11	91	13	77.31	17	59.12	19	53	23	43.7	29		31		37	
	23	1007	3	335.67	7	143.9	11	92	13	77.46	17	59.24	19	53	23	43.8	29		31		37	
	24	1009	3	336.33	7	144.1	11	92	13	77.62	17	59.35	19	53	23	43.9	29		31		37	
	25	1011	3	337	7	144.4	11	92	13	77.77	17	59.47	19	53	23	44	29		31		37	
	26	1013	3	337.67	7	144.7	11	92	13	77.92	17	59.59	19	53	23	44	29		31		37	
	27	1015	3	338.33	7	145	11	92	13	78.08	17	59.71	19	53	23	44.1	29	35	31		37	
	28	1017	3	339	7	145.3	11	92	13	78.23	17	59.82	19	54	23	44.2	29	35.1	31		37	
	29	1019	3	339.67	7	145.6	11	93	13	78.38	17	59.94	19	54	23	44.3	29	35.1	31		37	
	30	1021	3	340.33	7	145.9	11	93	13	78.54	17	60.06	19	54	23	44.4	29	35.2	31		37	
	31	1023	3	341	7	146.1	11	93	13	78.69	17	60.18	19	54	23	44.5	29	35.3	31	33	37	
SD31/2	1	1025	3		7		11		13		17		19		23		29		31		37	
	2	1027	3		7		11		13	79	17		19		23		29		31		37	
	3	1029	3	343	7	147	11		13	79.15	17		19		23		29		31		37	
	4	1031	3	343.67	7	147.3	11		13	79.31	17		19		23		29		31		37	
	5	1033	3	344.33	7	147.6	11		13	79.46	17		19		23		29		31		37	
	6	1035	3	345	7	147.9	11		13	79.62	17		19		23	45	29		31		37	
	7	1037	3	345.67	7	148.1	11		13	79.77	17	61	19		23	45.1	29		31		37	
	8	1039	3	346.33	7	148.4	11		13	79.92	17	61.12	19		23	45.2	29		31		37	
	9	1041	3	347	7	148.7	11		13	80.08	17	61.24	19		23	45.3	29		31		37	
	10	1043	3	347.67	7	149	11		13	80.23	17	61.35	19		23	45.3	29		31		37	
	11	1045	3	348.33	7	149.3	11	95	13	80.38	17	61.47	19	55	23	45.4	29		31		37	

	12	1047	3	349	7	149.6	11	95	13	80.54	17	61.59	19	55	23	45.5	29		31		37	
	13	1049	3	349.67	7	149.9	11	95	13	80.69	17	61.71	19	55	23	45.6	29		31		37	
	14	1051	3	350.33	7	150.1	11	96	13	80.85	17	61.82	19	55	23	45.7	29		31		37	
	15	1053	3	351	7	150.4	11	96	13	81	17	61.94	19	55	23	45.8	29		31		37	
	16	1055	3	351.67	7	150.7	11	96	13	81.15	17	62.06	19	56	23	45.9	29		31		37	
	17	1057	3	352.33	7	151	11	96	13	81.31	17	62.18	19	56	23	46	29		31		37	
	18	1059	3	353	7	151.3	11	96	13	81.46	17	62.29	19	56	23	46	29		31		37	
	19	1061	3	353.67	7	151.6	11	96	13	81.62	17	62.41	19	56	23	46.1	29		31		37	
	20	1063	3	354.33	7	151.9	11	97	13	81.77	17	62.53	19	56	23	46.2	29		31		37	
	21	1065	3	355	7	152.1	11	97	13	81.92	17	62.65	19	56	23	46.3	29		31		37	
	22	1067	3	355.67	7	152.4	11	97	13	82.08	17	62.76	19	56	23	46.4	29		31		37	
	23	1069	3	356.33	7	152.7	11	97	13	82.23	17	62.88	19	56	23	46.5	29		31		37	
	24	1071	3	357	7	153	11	97	13	82.38	17	63	19	56	23	46.6	29		31		37	
	25	1073	3	357.67	7	153.3	11	98	13	82.54	17	63.12	19	56	23	46.7	29	37	31		37	29
	26	1075	3	358.33	7	153.6	11	98	13	82.69	17	63.24	19	57	23	46.7	29	37.1	31		37	
	27	1077	3	359	7	153.9	11	98	13	82.85	17	63.35	19	57	23	46.8	29	37.1	31		37	
	28	1079	3	359.67	7	154.1	11	98	13	83	17	63.47	19	57	23	46.9	29	37.2	31		37	
	29	1081	3	360.33	7	154.4	11	98	13	83.15	17	63.59	19	57	23	47	29	37.3	31		37	
	30	1083	3	361	7	154.7	11	98	13	83.31	17	63.71	19	57	23	47.1	29	37.3	31		37	
	31	1085	3	361.67	7	155	11	99	13	83.46	17	63.82	19	57	23	47.2	29	37.4	31	35	37	
SD31/3	1	1087	3		7		11		13		17		19		23		29		31		37	
	2	1089	3	363	7		11	99	13		17		19		23		29		31		37	
	3	1091	3	363.67	7		11	99	13		17		19		23		29		31		37	
	4	1093	3	364.33	7		11	99	13		17		19		23		29		31		37	
	5	1095	3	365	7		11	100	13		17		19		23		29		31		37	
	6	1097	3	365.67	7		11	100	13		17		19		23		29		31		37	
	7	1099	3	366.33	7	157	11	100	13		17		19		23		29		31		37	
	8	1101	3	367	7	157.3	11	100	13		17		19		23		29		31		37	
	9	1103	3	367.67	7	157.6	11	100	13		17		19		23		29		31		37	
	10	1105	3	368.33	7	157.9	11	100	13	85	17	65	19		23		29		31		37	
	11	1107	3	369	7	158.1	11	101	13	85.15	17	65.12	19		23		29		31		37	
	12	1109	3	369.67	7	158.4	11	101	13	85.31	17	65.24	19		23		29		31		37	
	13	1111	3	370.33	7	158.7	11	101	13	85.46	17	65.35	19		23		29		31		37	
	14	1113	3	371	7	159	11	101	13	85.62	17	65.47	19		23		29		31		37	
	15	1115	3	371.67	7	159.3	11	101	13	85.77	17	65.59	19		23		29		31		37	
	16	1117	3	372.33	7	159.6	11	102	13	85.92	17	65.71	19		23		29		31		37	

	17	1119	3	373	7	159.9	11	102	13	86.08	17	65.82	19		23		29		31		37	
	18	1121	3	373.67	7	160.1	11	102	13	86.23	17	65.94	19	59	23		29		31		37	
	19	1123	3	374.33	7	160.4	11	102	13	86.38	17	66.06	19	59	23		29		31		37	
	20	1125	3	375	7	160.7	11	102	13	86.54	17	66.18	19	59	23		29		31		37	
	21	1127	3	375.67	7	161	11	102	13	86.69	17	66.29	19	59	23	49	29		31		37	
	22	1129	3	376.33	7	161.3	11	103	13	86.85	17	66.41	19	59	23	49.1	29		31		37	
	23	1131	3	377	7	161.6	11	103	13	87	17	66.53	19	60	23	49.2	29	39	31		37	
	24	1133	3	377.67	7	161.9	11	103	13	87.15	17	66.65	19	60	23	49.3	29	39.1	31		37	
	25	1135	3	378.33	7	162.1	11	103	13	87.31	17	66.76	19	60	23	49.3	29	39.1	31		37	
	26	1137	3	379	7	162.4	11	103	13	87.46	17	66.88	19	60	23	49.4	29	39.2	31		37	
	27	1139	3	379.67	7	162.7	11	104	13	87.62	17	67	19	60	23	49.5	29	39.3	31		37	
	28	1141	3	380.33	7	163	11	104	13	87.77	17	67.12	19	60	23	49.6	29	39.3	31		37	
	29	1143	3	381	7	163.3	11	104	13	87.92	17	67.24	19	60	23	49.7	29	39.4	31		37	
	30	1145	3	381.67	7	163.6	11	104	13	88.08	17	67.35	19	60	23	49.8	29	39.5	31		37	
	31	1147	3	382.33	7	163.9	11	104	13	88.23	17	67.47	19	60	23	49.9	29	39.6	31	37	37	31
SD31/4	1	1149	3	383	7		11		13		17		19		23		29		31		37	
	2	1151	3	383.67	7		11		13		17		19		23		29		31		37	
	3	1153	3	384.33	7		11		13		17		19		23		29		31		37	
	4	1155	3	385	7	165	11	105	13		17		19		23		29		31		37	
	5	1157	3	385.67	7	165.3	11	105	13	89	17		19		23		29		31		37	
	6	1159	3	386.33	7	165.6	11	105	13	89.15	17		19	61	23		29		31		37	
	7	1161	3	387	7	165.9	11	106	13	89.31	17		19	61	23		29		31		37	
	8	1163	3	387.67	7	166.1	11	106	13	89.46	17		19	61	23		29		31		37	
	9	1165	3	388.33	7	166.4	11	106	13	89.62	17		19	61	23		29		31		37	
	10	1167	3	389	7	166.7	11	106	13	89.77	17		19	61	23		29		31		37	
	11	1169	3	389.67	7	167	11	106	13	89.92	17		19	62	23		29		31		37	
	12	1171	3	390.33	7	167.3	11	106	13	90.08	17		19	62	23		29		31		37	
	13	1173	3	391	7	167.6	11	107	13	90.23	17	69	19	62	23	51	29		31		37	
	14	1175	3	391.67	7	167.9	11	107	13	90.38	17	69.12	19	62	23	51.1	29		31		37	
	15	1177	3	392.33	7	168.1	11	107	13	90.54	17	69.24	19	62	23	51.2	29		31		37	
	16	1179	3	393	7	168.4	11	107	13	90.69	17	69.35	19	62	23	51.3	29		31		37	
	17	1181	3	393.67	7	168.7	11	107	13	90.85	17	69.47	19	62	23	51.3	29		31		37	
	18	1183	3	394.33	7	169	11	108	13	91	17	69.59	19	62	23	51.4	29		31		37	
	19	1185	3	395	7	169.3	11	108	13	91.15	17	69.71	19	62	23	51.5	29		31		37	
	20	1187	3	395.67	7	169.6	11	108	13	91.31	17	69.82	19	62	23	51.6	29		31		37	
	21	1189	3	396.33	7	169.9	11	108	13	91.46	17	69.94	19	63	23	51.7	29	41	31		37	

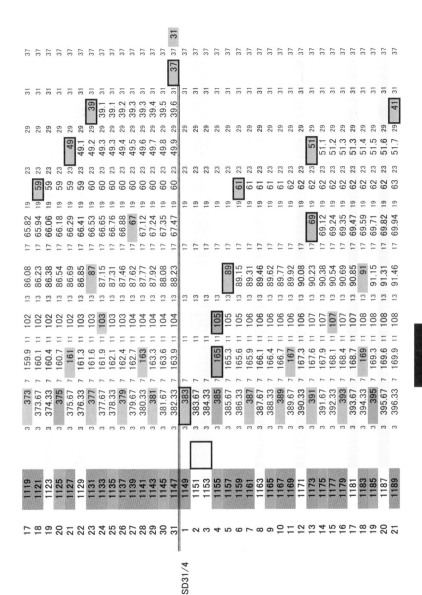

	22	1191	3	397	7	170.1	11	108	13	91.62	17	70.06	19	63	23	51.8	29	41.1	31		37	
	23	1193	3	397.67	7	170.4	11	108	13	91.77	17	70.18	19	63	23	51.9	29	41.1	31		37	
	24	1195	3	398.33	7	170.7	11	109	13	91.92	17	70.29	19	63	23	52	29	41.2	31		37	
	25	1197	3	399	7	171	11	109	13	92.08	17	70.41	19	63	23	52	29	41.3	31		37	
	26	1199	3	399.67	7	171.3	11	109	13	92.23	17	70.53	19	63	23	52.1	29	41.3	31		37	
	27	1201	3	400.33	7	171.6	11	109	13	92.38	17	70.65	19	63	23	52.2	29	41.4	31		37	
	28	1203	3	401	7	171.9	11	109	13	92.54	17	70.76	19	63	23	52.3	29	41.5	31		37	
	29	1205	3	401.67	7	172.1	11	110	13	92.69	17	70.88	19	63	23	52.4	29	41.6	31		37	
	30	1207	3	402.33	7	172.4	11	110	13	92.85	17	71	19	64	23	52.5	29	41.6	31		37	
	31	1209	3	403	7	172.7	11	110	13	93	17	71.12	19	64	23	52.6	29	41.7	31	39	37	
SD31/5	1	1211	3		7	173	11		13		17		19		23		29		31		37	
	2	1213	3		7	173.3	11		13		17		19		23		29		31		37	
	3	1215	3	405	7	173.6	11		13		17		19		23		29		31		37	
	4	1217	3	405.67	7	173.9	11		13		17		19		23		29		31		37	
	5	1219	3	406.33	7	174.1	11		13		17		19		23	53	29		31		37	
	6	1221	3	407	7	174.4	11	111	13		17		19		23	53.1	29		31		37	33
	7	1223	3	407.67	7	174.7	11	111	13		17		19		23	53.2	29		31		37	
	8	1225	3	408.33	7	175	11	111	13		17		19		23	53.3	29		31		37	
	9	1227	3	409	7	175.3	11	112	13		17		19		23	53.3	29		31		37	
	10	1229	3	409.67	7	175.6	11	112	13		17		19		23	53.4	29		31		37	
	11	1231	3	410.33	7	175.9	11	112	13		17		19		23	53.5	29		31		37	
	12	1233	3	411	7	176.1	11	112	13		17		19		23	53.6	29		31		37	
	13	1235	3	411.67	7	176.4	11	112	13	95	17		19	65	23	53.7	29		31		37	
	14	1237	3	412.33	7	176.7	11	112	13	95.15	17		19	65	23	53.8	29		31		37	
	15	1239	3	413	7	177	11	113	13	95.31	17		19	65	23	53.9	29		31		37	
	16	1241	3	413.67	7	177.3	11	113	13	95.46	17	73	19	65	23	54	29		31		37	
	17	1243	3	414.33	7	177.6	11	113	13	95.62	17	73.12	19	65	23	54	29		31		37	
	18	1245	3	415	7	177.9	11	113	13	95.77	17	73.24	19	66	23	54.1	29		31		37	
	19	1247	3	415.67	7	178.1	11	113	13	95.92	17	73.35	19	66	23	54.2	29	43	31		37	
	20	1249	3	416.33	7	178.4	11	114	13	96.08	17	73.47	19	66	23	54.3	29	43.1	31		37	
	21	1251	3	417	7	178.7	11	114	13	96.23	17	73.59	19	66	23	54.4	29	43.1	31		37	
	22	1253	3	417.67	7	179	11	114	13	96.38	17	73.71	19	66	23	54.5	29	43.2	31		37	
	23	1255	3	418.33	7	179.3	11	114	13	96.54	17	73.82	19	66	23	54.6	29	43.3	31		37	
	24	1257	3	419	7	179.6	11	114	13	96.69	17	73.94	19	66	23	54.7	29	43.3	31		37	
	25	1259	3	419.67	7	179.9	11	114	13	96.85	17	74.06	19	66	23	54.7	29	43.4	31		37	
	26	1261	3	420.33	7	180.1	11	115	13	97	17	74.18	19	66	23	54.8	29	43.5	31		37	

	27	1263	3	421	7	180.4	11	115	13	97.15	17	74.29	19	66	23	54.9	29	43.6	31		37	
	28	1265	3	421.67	7	180.7	11	115	13	97.31	17	74.41	19	67	23	55	29	43.6	31		37	
	29	1267	3	422.33	7	181	11	115	13	97.46	17	74.53	19	67	23	55.1	29	43.7	31		37	
	30	1269	3	423	7	181.3	11	115	13	97.62	17	74.65	19	67	23	55.2	29	43.8	31		37	
	31	1271	3	423.67	7	181.6	11	116	13	97.77	17	74.76	19	67	23	55.3	29	43.8	31	41	37	
SD31/6	1	1273	3		7		11		13		17		19	67	23		29		31		37	
	2	1275	3	425	7		11		13		17	75	19	67	23		29		31		37	
	3	1277	3	425.67	7		11		13		17	75.12	19	67	23		29		31		37	
	4	1279	3	426.33	7		11		13		17	75.24	19	67	23		29		31		37	
	5	1281	3	427	7	183	11		13		17	75.35	19	67	23		29		31		37	
	6	1283	3	427.67	7	183.3	11		13		17	75.47	19	68	23		29		31		37	
	7	1285	3	428.33	7	183.6	11		13		17	75.59	19	68	23		29		31		37	
	8	1287	3	429	7	183.9	11	117	13	99	17	75.71	19	68	23		29		31		37	
	9	1289	3	429.67	7	184.1	11	117	13	99.15	17	75.82	19	68	23		29		31		37	
	10	1291	3	430.33	7	184.4	11	117	13	99.31	17	75.94	19	68	23		29		31		37	
	11	1293	3	431	7	184.7	11	118	13	99.46	17	76.06	19	68	23		29		31		37	
	12	1295	3	431.67	7	185	11	118	13	99.62	17	76.18	19	68	23		29		31		37	35
	13	1297	3	432.33	7	185.3	11	118	13	99.77	17	76.29	19	68	23		29		31		37	
	14	1299	3	433	7	185.6	11	118	13	99.92	17	76.41	19	68	23		29		31		37	
	15	1301	3	433.67	7	185.9	11	118	13	100.1	17	76.53	19	68	23		29		31		37	
	16	1303	3	434.33	7	186.1	11	118	13	100.2	17	76.65	19	69	23		29		31		37	
	17	1305	3	435	7	186.4	11	119	13	100.4	17	76.76	19	69	23		29	45	31		37	
	18	1307	3	435.67	7	186.7	11	119	13	100.5	17	76.88	19	69	23		29	45.1	31		37	
	19	1309	3	436.33	7	187	11	119	13	100.7	17	77	19	69	23		29	45.1	31		37	
	20	1311	3	437	7	187.3	11	119	13	100.8	17	77.12	19	69	23	57	29	45.2	31		37	
	21	1313	3	437.67	7	187.6	11	119	13	101	17	77.24	19	69	23	57.1	29	45.3	31		37	
	22	1315	3	438.33	7	187.9	11	120	13	101.2	17	77.35	19	69	23	57.2	29	45.3	31		37	
	23	1317	3	439	7	188.1	11	120	13	101.3	17	77.47	19	69	23	57.3	29	45.4	31		37	
	24	1319	3	439.67	7	188.4	11	120	13	101.5	17	77.59	19	69	23	57.3	29	45.5	31		37	
	25	1321	3	440.33	7	188.7	11	120	13	101.6	17	77.71	19	70	23	57.4	29	45.6	31		37	
	26	1323	3	441	7	189	11	120	13	101.8	17	77.82	19	70	23	57.5	29	45.6	31		37	
	27	1325	3	441.67	7	189.3	11	120	13	101.9	17	77.94	19	70	23	57.6	29	45.7	31		37	
	28	1327	3	442.33	7	189.6	11	121	13	102.1	17	78.06	19	70	23	57.7	29	45.8	31		37	
	29	1329	3	443	7	189.9	11	121	13	102.2	17	78.18	19	70	23	57.8	29	45.8	31		37	
	30	1331	3	443.67	7	190.1	11	121	13	102.4	17	78.29	19	70	23	57.9	29	45.9	31		37	
	31	1333	3	444.33	7	190.4	11	121	13	102.5	17	78.41	19	70	23	58	29	46	31	43	37	

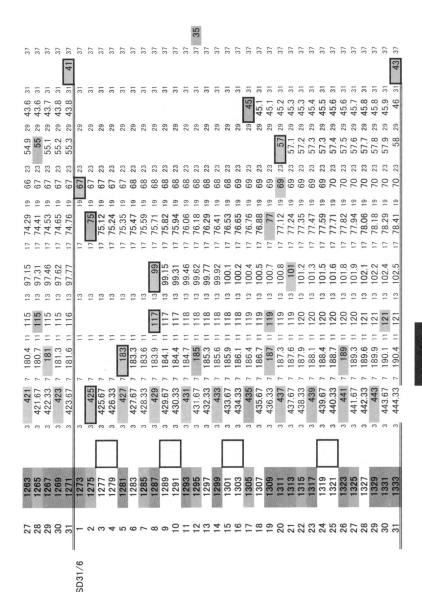

SD31/7	1	1335	3	445	7		11		13		17		19		23		29		31	43.1	37
	2	1337	3	445.67	7	191	11		13		17		19		23		29		31	43.1	37
	3	1339	3	446.33	7	191.3	11		13	103	17		19		23		29		31	43.2	37
	4	1341	3	447	7	191.6	11		13	103.2	17		19		23		29		31	43.3	37
	5	1343	3	447.67	7	191.9	11		13	103.3	17	79	19		23		29		31	43.3	37
	6	1345	3	448.33	7	192.1	11		13	103.5	17	79.12	19		23		29		31	43.4	37
	7	1347	3	449	7	192.4	11		13	103.6	17	79.24	19		23		29		31	43.5	37
	8	1349	3	449.67	7	192.7	11		13	103.8	17	79.35	19	71	23		29		31	43.5	37
	9	1351	3	450.33	7	193	11		13	103.9	17	79.47	19	71	23		29		31	43.6	37
	10	1353	3	451	7	193.3	11	123	13	104.1	17	79.59	19	71	23		29		31	43.6	37
	11	1355	3	451.67	7	193.6	11	123	13	104.2	17	79.71	19	71	23		29		31	43.7	37
	12	1357	3	452.33	7	193.9	11	123	13	104.4	17	79.82	19	71	23	59	29		31	43.8	37
	13	1359	3	453	7	194.1	11	124	13	104.5	17	79.94	19	72	23	59.1	29		31	43.8	37
	14	1361	3	453.67	7	194.4	11	124	13	104.7	17	80.06	19	72	23	59.2	29		31	43.9	37
	15	1363	3	454.33	7	194.7	11	124	13	104.8	17	80.18	19	72	23	59.3	29	47	31	44	37
	16	1365	3	455	7	195	11	124	13	105	17	80.29	19	72	23	59.3	29	47.1	31	44	37
	17	1367	3	455.67	7	195.3	11	124	13	105.2	17	80.41	19	72	23	59.4	29	47.1	31	44.1	37
	18	1369	3	456.33	7	195.6	11	124	13	105.3	17	80.53	19	72	23	59.5	29	47.2	31	44.2	37 37
8 SD37/1	1	1371	3	457	7	195.9	11	125	13	105.5	17	80.65	19	72	23	59.61	29	47.3	31	44.2	37
	2	1373	3	457.667	7	196.1	11	125	13	105.6	17	80.76	19	72	23	59.7	29	47.3	31	44.3	37
	3	1375	3	458.333	7	196.4	11	125	13	105.8	17	80.88	19	72	23	59.78	29	47.4	31	44.4	37
	4	1377	3	459	7	196.7	11	125	13	105.9	17	81	19	72	23	59.87	29	47.5	31	44.4	37
	5	1379	3	459.667	7	197	11	125	13	106.1	17	81.12	19	73	23	59.96	29	47.6	31	44.5	37
	6	1381	3	460.333	7	197.3	11	126	13	106.2	17	81.24	19	73	23	60.04	29	47.6	31	44.5	37
	7	1383	3	461	7	197.6	11	126	13	106.4	17	81.35	19	73	23	60.13	29	47.7	31	44.6	37
	8	1385	3	461.667	7	197.9	11	126	13	106.5	17	81.47	19	73	23	60.22	29	47.8	31	44.7	37
	9	1387	3	462.333	7	198.1	11	126	13	106.7	17	81.59	19	73	23	60.3	29	47.8	31	44.7	37
	10	1389	3	463	7	198.4	11	126	13	106.8	17	81.71	19	73	23	60.39	29	47.9	31	44.8	37
	11	1391	3	463.667	7	198.7	11	126	13	107	17	81.82	19	73	23	60.48	29	48	31	44.9	37
	12	1393	3	464.333	7	199	11	127	13	107.2	17	81.94	19	73	23	60.57	29	48	31	44.9	37
	13	1395	3	465	7	199.3	11	127	13	107.3	17	82.06	19	73	23	60.65	29	48.1	31	45	37
	14	1397	3	465.667	7	199.6	11	127	13	107.5	17	82.18	19	74	23	60.74	29	48.2	31	45.1	37

	15	1399	3	466.333	7	199.9	11	127	13	107.6	17	82.29	19	74	23	60.83	29	48.2	31	45.1	37	
	16	1401	3	467	7	200.1	11	127	13	107.8	17	82.41	19	74	23	60.91	29	48.3	31	45.2	37	
	17	1403	3	467.667	7	200.4	11	128	13	107.9	17	82.53	19	74	23	61	29	48.4	31	45.3	37	
	18	1405	3	468.333	7	200.7	11	128	13	108.1	17	82.65	19	74	23	61.09	29	48.4	31	45.3	37	
	19	1407	3	469	7	201	11	128	13	108.2	17	82.76	19	74	23	61.17	29	48.5	31	45.4	37	
	20	1409	3	469.667	7	201.3	11	128	13	108.4	17	82.88	19	74	23	61.26	29	48.6	31	45.5	37	
	21	1411	3	470.333	7	201.6	11	128	13	108.5	17	83	19	74	23	61.35	29	48.7	31	45.5	37	
	22	1413	3	471	7	201.9	11	128	13	108.7	17	83.12	19	74	23	61.43	29	48.7	31	45.6	37	
	23	1415	3	471.667	7	202.1	11	129	13	108.8	17	83.24	19	74	23	61.52	29	48.8	31	45.6	37	
	24	1417	3	472.333	7	202.4	11	129	13	109	17	83.35	19	75	23	61.61	29	48.9	31	45.7	37	
	25	1419	3	473	7	202.7	11	129	13	109.2	17	83.47	19	75	23	61.7	29	48.9	31	45.8	37	
	26	1421	3	473.667	7	203	11	129	13	109.3	17	83.59	19	75	23	61.78	29	49	31	45.8	37	
	27	1423	3	474.333	7	203.3	11	129	13	109.5	17	83.71	19	75	23	61.87	29	49.1	31	45.9	37	
	28	1425	3	475	7	203.6	11	130	13	109.6	17	83.82	19	75	23	61.96	29	49.1	31	46	37	
	29	1427	3	475.667	7	203.9	11	130	13	109.8	17	83.94	19	75	23	62.04	29	49.2	31	46	37	
	30	1429	3	476.333	7	204.1	11	130	13	109.9	17	84.06	19	75	23	62.13	29	49.3	31	46.1	37	
	31	1431	3	477	7	204.4	11	130	13	110.1	17	84.18	19	75	23	62.22	29	49.3	31	46.2	37	
	32	1433	3	477.667	7	204.7	11	130	13	110.2	17	84.29	19	75	23	62.3	29	49.4	31	46.2	37	
	33	1435	3	478.333	7	205	11	130	13	110.4	17	84.41	19	76	23	62.39	29	49.5	31	46.3	37	
	34	1437	3	479	7	205.3	11	131	13	110.5	17	84.53	19	76	23	62.48	29	49.6	31	46.4	37	
	35	1439	3	479.667	7	205.6	11	131	13	110.7	17	84.65	19	76	23	62.57	29	49.6	31	46.4	37	
	36	1441	3	480.333	7	205.9	11	131	13	110.8	17	84.76	19	76	23	62.65	29	49.7	31	46.5	37	
	37	1443	3	481	7	206.1	11	131	13	111	17	84.88	19	76	23	62.74	29	49.8	31	46.5	37	39
SD37/2	1	1445	3	481.667	7	206.4	11	131	13	111.2	17	85	19	76	23	62.83	29	49.8	31	46.6	37	
	2	1447	3	482.333	7	206.7	11	132	13	111.3	17	85.12	19	76	23	62.91	29	49.9	31	46.7	37	
	3	1449	3	483	7	207	11	132	13	111.5	17	85.24	19	76	23	63	29	50	31	46.7	37	
	4	1451	3	483.667	7	207.3	11	132	13	111.6	17	85.35	19	76	23	63.09	29	50	31	46.8	37	
	5	1453	3	484.333	7	207.6	11	132	13	111.8	17	85.47	19	76	23	63.17	29	50.1	31	46.9	37	
	6	1455	3	485	7	207.9	11	132	13	111.9	17	85.59	19	77	23	63.26	29	50.2	31	46.9	37	
	7	1457	3	485.667	7	208.1	11	132	13	112.1	17	85.71	19	77	23	63.35	29	50.2	31	47	37	

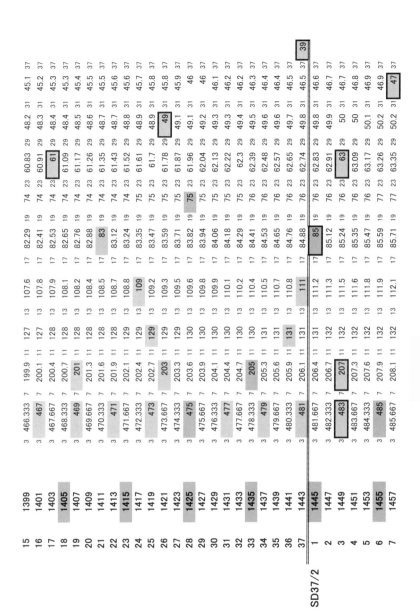

8	1459	3	486.333	7	208.4	11	133	13	112.2	17	85.82	19	77	23	63.43	29	50.3	31	47.1	37	
9	1461	3	487	7	208.7	11	133	13	112.4	17	85.94	19	77	23	63.52	29	50.4	31	47.1	37	
10	1463	3	487.667	7	209	11	133	13	112.5	17	86.06	19	77	23	63.61	29	50.4	31	47.2	37	
11	1465	3	488.333	7	209.3	11	133	13	112.7	17	86.18	19	77	23	63.7	29	50.5	31	47.3	37	
12	1467	3	489	7	209.6	11	133	13	112.8	17	86.29	19	77	23	63.78	29	50.6	31	47.3	37	
13	1469	3	489.667	7	209.9	11	134	13	113	17	86.41	19	77	23	63.87	29	50.7	31	47.4	37	
14	1471	3	490.333	7	210.1	11	134	13	113.2	17	86.53	19	77	23	63.96	29	50.7	31	47.5	37	
15	1473	3	491	7	210.4	11	134	13	113.3	17	86.65	19	78	23	64.04	29	50.8	31	47.5	37	
16	1475	3	491.667	7	210.7	11	134	13	113.5	17	86.76	19	78	23	64.13	29	50.9	31	47.6	37	
17	1477	3	492.333	7	211	11	134	13	113.6	17	86.88	19	78	23	64.22	29	50.9	31	47.6	37	
18	1479	3	493	7	211.3	11	134	13	113.8	17	87	19	78	23	64.3	29	51	31	47.7	37	
19	1481	3	493.667	7	211.6	11	135	13	113.9	17	87.12	19	78	23	64.39	29	51.1	31	47.8	37	
20	1483	3	494.333	7	211.9	11	135	13	114.1	17	87.24	19	78	23	64.48	29	51.1	31	47.8	37	
21	1485	3	495	7	212.1	11	135	13	114.2	17	87.35	19	78	23	64.57	29	51.2	31	47.9	37	
22	1487	3	495.667	7	212.4	11	135	13	114.4	17	87.47	19	78	23	64.65	29	51.3	31	48	37	
23	1489	3	496.333	7	212.7	11	135	13	114.5	17	87.59	19	78	23	64.74	29	51.3	31	48	37	
24	1491	3	497	7	213	11	136	13	114.7	17	87.71	19	78	23	64.83	29	51.4	31	48.1	37	
25	1493	3	497.667	7	213.3	11	136	13	114.8	17	87.82	19	79	23	64.91	29	51.5	31	48.2	37	
26	1495	3	498.333	7	213.6	11	136	13	115	17	87.94	19	79	23	65	29	51.6	31	48.2	37	
27	1497	3	499	7	213.9	11	136	13	115.2	17	88.06	19	79	23	65.09	29	51.6	31	48.3	37	
28	1499	3	499.667	7	214.1	11	136	13	115.3	17	88.18	19	79	23	65.17	29	51.7	31	48.4	37	
29	1501	3	500.333	7	214.4	11	136	13	115.5	17	88.29	19	79	23	65.26	29	51.8	31	48.4	37	
30	1503	3	501	7	214.7	11	137	13	115.6	17	88.41	19	79	23	65.35	29	51.8	31	48.5	37	
31	1505	3	501.667	7	215	11	137	13	115.8	17	88.53	19	79	23	65.43	29	51.9	31	48.5	37	
32	1507	3	502.333	7	215.3	11	137	13	115.9	17	88.65	19	79	23	65.52	29	52	31	48.6	37	
33	1509	3	503	7	215.6	11	137	13	116.1	17	88.76	19	79	23	65.61	29	52	31	48.7	37	
34	1511	3	503.667	7	215.9	11	137	13	116.2	17	88.88	19	80	23	65.7	29	52.1	31	48.7	37	
35	1513	3	504.333	7	216.1	11	138	13	116.4	17	89	19	80	23	65.78	29	52.2	31	48.8	37	
36	1515	3	505	7	216.4	11	138	13	116.5	17	89.12	19	80	23	65.87	29	52.2	31	48.9	37	
37	1517	3	505.667	7	216.7	11	138	13	116.7	17	89.24	19	80	23	65.96	29	52.3	31	48.9	37	41

SD37/3

1	1519	3	506.333	7	217	11	138	13	116.8	17	89.35	19	80	23	66.04	29	52.4	31	49	37
2	1521	3	507	7	217.3	11	138	13	117	17	89.47	19	80	23	66.13	29	52.4	31	49.1	37
3	1523	3	507.667	7	217.6	11	138	13	117.2	17	89.59	19	80	23	66.22	29	52.5	31	49.1	37
4	1525	3	508.333	7	217.9	11	139	13	117.3	17	89.71	19	80	23	66.3	29	52.6	31	49.2	37
5	1527	3	509	7	218.1	11	139	13	117.5	17	89.82	19	80	23	66.39	29	52.7	31	49.3	37
6	1529	3	509.667	7	218.4	11	139	13	117.6	17	89.94	19	80	23	66.48	29	52.7	31	49.3	37
7	1531	3	510.333	7	218.7	11	139	13	117.8	17	90.06	19	81	23	66.57	29	52.8	31	49.4	37
8	1533	3	511	7	219	11	139	13	117.9	17	90.18	19	81	23	66.65	29	52.9	31	49.5	37
9	1535	3	511.667	7	219.3	11	140	13	118.1	17	90.29	19	81	23	66.74	29	52.9	31	49.5	37
10	1537	3	512.333	7	219.6	11	140	13	118.2	17	90.41	19	81	23	66.83	29	53	31	49.6	37
11	1539	3	513	7	219.9	11	140	13	118.4	17	90.53	19	81	23	66.91	29	53.1	31	49.6	37
12	1541	3	513.667	7	220.1	11	140	13	118.5	17	90.65	19	81	23	67	29	53.1	31	49.7	37
13	1543	3	514.333	7	220.4	11	140	13	118.7	17	90.76	19	81	23	67.09	29	53.2	31	49.8	37
14	1545	3	515	7	220.7	11	140	13	118.8	17	90.88	19	81	23	67.17	29	53.3	31	49.8	37
15	1547	3	515.667	7	221	11	141	13	119	17	91	19	81	23	67.26	29	53.3	31	49.9	37
16	1549	3	516.333	7	221.3	11	141	13	119.2	17	91.12	19	82	23	67.35	29	53.4	31	50	37
17	1551	3	517	7	221.6	11	141	13	119.3	17	91.24	19	82	23	67.43	29	53.5	31	50	37
18	1553	3	517.667	7	221.9	11	141	13	119.5	17	91.35	19	82	23	67.52	29	53.6	31	50.1	37
19	1555	3	518.333	7	222.1	11	141	13	119.6	17	91.47	19	82	23	67.61	29	53.6	31	50.2	37
20	1557	3	519	7	222.4	11	142	13	119.8	17	91.59	19	82	23	67.7	29	53.7	31	50.2	37
21	1559	3	519.667	7	222.7	11	142	13	119.9	17	91.71	19	82	23	67.78	29	53.8	31	50.3	37
22	1561	3	520.333	7	223	11	142	13	120.1	17	91.82	19	82	23	67.87	29	53.8	31	50.4	37
23	1563	3	521	7	223.3	11	142	13	120.2	17	91.94	19	82	23	67.96	29	53.9	31	50.4	37
24	1565	3	521.667	7	223.6	11	142	13	120.4	17	92.06	19	82	23	68.04	29	54	31	50.5	37
25	1567	3	522.333	7	223.9	11	142	13	120.5	17	92.18	19	82	23	68.13	29	54	31	50.5	37
26	1569	3	523	7	224.1	11	143	13	120.7	17	92.29	19	83	23	68.22	29	54.1	31	50.6	37
27	1571	3	523.667	7	224.4	11	143	13	120.8	17	92.41	19	83	23	68.3	29	54.2	31	50.7	37
28	1573	3	524.333	7	224.7	11	143	13	121	17	92.53	19	83	23	68.39	29	54.2	31	50.7	37
29	1575	3	525	7	225	11	143	13	121.2	17	92.65	19	83	23	68.48	29	54.3	31	50.8	37
30	1577	3	525.667	7	225.3	11	143	13	121.3	17	92.76	19	83	23	68.57	29	54.4	31	50.9	37

	31	1579	3	526.333	7	225.6	11	144	13	121.5	17	92.88	19	83	23	68.65	29	54.4	31	50.9	37	
	32	1581	3	527	7	225.9	11	144	13	121.6	17	93	19	83	23	68.74	29	54.5	31	51	37	
	33	1583	3	527.667	7	226.1	11	144	13	121.8	17	93.12	19	83	23	68.83	29	54.6	31	51.1	37	
	34	1585	3	528.333	7	226.4	11	144	13	121.9	17	93.24	19	83	23	68.91	29	54.7	31	51.1	37	
	35	1587	3	529	7	226.7	11	144	13	122.1	17	93.35	19	84	23	69	29	54.7	31	51.2	37	
	36	1589	3	529.667	7	227	11	144	13	122.2	17	93.47	19	84	23	69.09	29	54.8	31	51.3	37	
	37	1591	3	530.333	7	227.3	11	145	13	122.4	17	93.59	19	84	23	69.17	29	54.9	31	51.3	37	43
SD37/4	1	1593	3	531	7	227.6	11	145	13	122.5	17	93.71	19	84	23	69.26	29	54.9	31	51.4	37	
	2	1595	3	531.667	7	227.9	11	145	13	122.7	17	93.82	19	84	23	69.35	29	55	31	51.5	37	
	3	1597	3	532.333	7	228.1	11	145	13	122.8	17	93.94	19	84	23	69.43	29	55.1	31	51.5	37	
	4	1599	3	533	7	228.4	11	145	13	123	17	94.06	19	84	23	69.52	29	55.1	31	51.6	37	
	5	1601	3	533.667	7	228.7	11	146	13	123.2	17	94.18	19	84	23	69.61	29	55.2	31	51.6	37	
	6	1603	3	534.333	7	229	11	146	13	123.3	17	94.29	19	84	23	69.7	29	55.3	31	51.7	37	
	7	1605	3	535	7	229.3	11	146	13	123.5	17	94.41	19	84	23	69.78	29	55.3	31	51.8	37	
	8	1607	3	535.667	7	229.6	11	146	13	123.6	17	94.53	19	85	23	69.87	29	55.4	31	51.8	37	
	9	1609	3	536.333	7	229.9	11	146	13	123.8	17	94.65	19	85	23	69.96	29	55.5	31	51.9	37	
	10	1611	3	537	7	230.1	11	146	13	123.9	17	94.76	19	85	23	70.04	29	55.6	31	52	37	
	11	1613	3	537.667	7	230.4	11	147	13	124.1	17	94.88	19	85	23	70.13	29	55.6	31	52	37	
	12	1615	3	538.333	7	230.7	11	147	13	124.2	17	95	19	85	23	70.22	29	55.7	31	52.1	37	
	13	1617	3	539	7	231	11	147	13	124.4	17	95.12	19	85	23	70.3	29	55.8	31	52.2	37	
	14	1619	3	539.667	7	231.3	11	147	13	124.5	17	95.24	19	85	23	70.39	29	55.8	31	52.2	37	
	15	1621	3	540.333	7	231.6	11	147	13	124.7	17	95.35	19	85	23	70.48	29	55.9	31	52.3	37	
	16	1623	3	541	7	231.9	11	148	13	124.8	17	95.47	19	85	23	70.57	29	56	31	52.4	37	
	17	1625	3	541.667	7	232.1	11	148	13	125	17	95.59	19	86	23	70.65	29	56	31	52.4	37	
	18	1627	3	542.333	7	232.4	11	148	13	125.2	17	95.71	19	86	23	70.74	29	56.1	31	52.5	37	
	19	1629	3	543	7	232.7	11	148	13	125.3	17	95.82	19	86	23	70.83	29	56.2	31	52.5	37	
	20	1631	3	543.667	7	233	11	148	13	125.5	17	95.94	19	86	23	70.91	29	56.2	31	52.6	37	
	21	1633	3	544.333	7	233.3	11	148	13	125.6	17	96.06	19	86	23	71	29	56.3	31	52.7	37	
	22	1635	3	545	7	233.6	11	149	13	125.8	17	96.18	19	86	23	71.09	29	56.4	31	52.7	37	
	23	1637	3	545.667	7	233.9	11	149	13	125.9	17	96.29	19	86	23	71.17	29	56.4	31	52.8	37	

	24	1639		3	546.333	7	234.1	11	149	13	126.1	17	96.41	19	86	23	71.26	29	56.5	31	52.9	37	
	25	1641		3	547	7	234.4	11	149	13	126.2	17	96.53	19	86	23	71.35	29	56.6	31	52.9	37	
	26	1643		3	547.667	7	234.7	11	149	13	126.4	17	96.65	19	86	23	71.43	29	56.7	31	53	37	
	27	1645		3	548.333	7	235	11	150	13	126.5	17	96.76	19	87	23	71.52	29	56.7	31	53.1	37	
	28	1647		3	549	7	235.3	11	150	13	126.7	17	96.88	19	87	23	71.61	29	56.8	31	53.1	37	
	29	1649		3	549.667	7	235.6	11	150	13	126.8	17	97	19	87	23	71.7	29	56.9	31	53.2	37	
	30	1651		3	550.333	7	235.9	11	150	13	127	17	97.12	19	87	23	71.78	29	56.9	31	53.3	37	
	31	1653		3	551	7	236.1	11	150	13	127.2	17	97.24	19	87	23	71.87	29	57	31	53.3	37	
	32	1655		3	551.667	7	236.4	11	150	13	127.3	17	97.35	19	87	23	71.96	29	57.1	31	53.4	37	
	33	1657		3	552.333	7	236.7	11	151	13	127.5	17	97.47	19	87	23	72.04	29	57.1	31	53.5	37	
	34	1659		3	553	7	237	11	151	13	127.6	17	97.59	19	87	23	72.13	29	57.2	31	53.5	37	
	35	1661		3	553.667	7	237.3	11	151	13	127.8	17	97.71	19	87	23	72.22	29	57.3	31	53.6	37	
	36	1663		3	554.333	7	237.6	11	151	13	127.9	17	97.82	19	88	23	72.3	29	57.3	31	53.6	37	
	37	1665		3	555	7	237.9	11	151	13	128.1	17	97.94	19	88	23	72.39	29	57.4	31	53.7	37	45
SD37/5	1	1667		3	555.667	7	238.1	11	152	13	128.2	17	98.06	19	88	23	72.48	29	57.5	31	53.8	37	
	2	1669		3	556.333	7	238.4	11	152	13	128.4	17	98.18	19	88	23	72.57	29	57.6	31	53.8	37	
	3	1671		3	557	7	238.7	11	152	13	128.5	17	98.29	19	88	23	72.65	29	57.6	31	53.9	37	
	4	1673		3	557.667	7	239	11	152	13	128.7	17	98.41	19	88	23	72.74	29	57.7	31	54	37	
	5	1675		3	558.333	7	239.3	11	152	13	128.8	17	98.53	19	88	23	72.83	29	57.8	31	54	37	
	6	1677		3	559	7	239.6	11	152	13	129	17	98.65	19	88	23	72.91	29	57.8	31	54.1	37	
	7	1679		3	559.667	7	239.9	11	153	13	129.2	17	98.76	19	88	23	73	29	57.9	31	54.2	37	
	8	1681	41x41	3	560.333	7	240.1	11	153	13	129.3	17	98.88	19	88	23	73.09	29	58	31	54.2	37	41
9 SD41	1	1683		3	561	7	240.4	11	153	13	129.5	17	99	19	89	23	73.17	29	58	31	54.3	37	
	2	1685		3	561.667	7	240.7	11	153	13	129.6	17	99.12	19	89	23	73.26	29	58.1	31	54.4	37	

10 **SD巾内位置循環と次項SD迄の位置変化に関する解説**

① 素数出現率の利用により　有効外倍の重要性が理解され、効率計算が可能となる

② 外倍の有効前項と有効次項の2数平方数の数値差範囲は有効な数値範囲増と見る重要性が理解される

第 6 節総括：

一．正解を出せる素数計算はリスト数値に対する直接計算ではなく、KS を持つ SD 巾内の位置計算である

二．《素数出現率》利用により SD 巾内位置計算は解決可能となり、且つ超軽量計算である

三．3 項データによる《素数出現率》、また計算原理は幾ら極大数値の場合も同様である

四．双子素数の位置計算はやや難しい

第7節　　素数存在数の正確計算と最少存在数の快速概算

副題：正確計算は背景規則性による真相の証である

一.　素数存在数正確計算とは任意指定の数値範囲内に素数の存在数が幾つあるか誤差の無い結果を出す計算である

二.　最少存在数の快速概算とは任意指定の数値範囲内に素数存在の最少数を早く計算することである

三.　計算式中の各色の意味

色の意味	色
各外倍TTL	
5gの行	
5gの行の戻し	
重複の生成点	
素数	
正味奇数の行	

四.　第7節の計算例は三つあり、計算項目明細説明は21-1369の計算例である

21-99

21-529

21-1369

（計算例数値開始は全て21からとする）

五.　計算式中各明細の説明

1 計算例　　計算範囲 21-1369

計算　1

項目	4	5	6	7	8	9	10	11	12
計算　1									1
	1370				奇の数	数値中5g		5gの行減	正味の奇
1 数値範囲	1369	21	1348	2	674	137	2	135	539
2 √値	37	整数修正							
3 外倍個数	10								

明細

計算1の項目				
1	指定の最大数	1369	N	
2	最大数の√値	37	SD	
3	外倍個数の計	10	KS	
4	最大数＋1の最大偶数	1370		末桁数5の行の計算の為
5	計算する数値範囲の最小数	21		
6	指定数値範囲内の行の総数	1348	1369−21	最大数ー最小数
7	奇数の行と偶数の行の分割計算	2		1348/2の割り算
8	奇数の行数の計	674		末桁数5の行を含む
9	末桁数5の行の計	137	1370/10＝137	
10	21の以前の末桁数5の行の数	2		
11	計算範囲内の末桁数5の行の数	135	137−2＝135	
12	計算範囲内奇数の行の正味数	539	674−135=539	全体計算式ロ表示と色　1

計算 2

計算 2 3

1	2	3	4	5	6	7	8	9	10	11	12
		計算 2 3	initial magnitication			odd even				2	3
		整数生成と内5g		initial generrtion		separration	net odd			内倍生成TT	内倍5g
個	外	外倍の各自	初回	初回	正味	奇偶	正味			整数修正	整数
数	倍	21開始	外倍	生成	の行	割り	奇数	外倍	1次	偶可/末5可	回数
1	3	1369	7	21	1348	2	674	3	224.67	224	45
2	7	1369	3	21	1348	2	674	7	96.29	96	20
3	11	1369	3	33	1336	2	668	11	60.73	60	12
4	13	1369	3	39	1330	2	665	13	51.15	51	11
5	17	1369	3	51	1318	2	659	17	38.76	38	8
6	19	1369	3	57	1312	2	656	19	34.53	34	7
7	23	1369	3	69	1300	2	650	23	28.26	28	6
8	29	1369	3	87	1282	2	641	29	22.10	22	5
9	31	1369	3	93	1276	2	638	31	20.58	20	4
10	37	1369	3	111	1258	2	629	37	17.00	17	4
										590	122

明細

計算2の項目					
1	外倍個数の順	1-10迄			
2	外倍数の各自	3-37迄の10個			
3	各自外倍と計算する最大数	1369			
4	初回整数生成点となる内倍整数		3x7　7と以降は全てx3		
5	各自外倍の初回整数生成点数値	各外倍x初回内倍整数	3x7　7と以降は全てx3		
6	各自外倍の正味の行の計	3番と5番の引き算	最大数-各自の初回生成数値		
7	奇数と偶数の行の分割割り算	2			
8	各自外倍の正味の奇数行の計		正味の行の計/2		
9	外倍数の各自	2番の重複	8番との割り算となる		
10	各自外倍の内倍に於ける整数生成点の1次計算		8番と9番の割り算　小数点が付いている		
11	内倍整数生成の2次計算	10番に対する整数整数	整数の末桁数は偶数が可、5も可	全体計算式中表示と色	2
12	内倍整数生成の総数中の末桁数5の数の計算			全体計算式中表示と色	3

計算 3

計算α種(12345)

1 2	3	4	5	6	7	8	9	10	11	12
						α1	α2			α345
	計算α種(12345)			修正要	max開始					
	重複の		最大値	偶不可	減3/6		之前素	max照合		
	整数生成	外7		末5不可		非素	順番+1	之前素	α有	素素
	max計算	開始	修正前		非素9	外3と				之非
1	1369	3	456.33	外3は0	との間	重複	0	0		0
2	1369	7	195.57	193	189	25	0	7		0
3	1369	11	124.45	123	123	16	1	11		4
4	1369	13	105.31	103	99	13	2	13		3
5	1369	17	80.53	79	69	9	3	17		2
6	1369	19	72.05	71	69	9	4	19		1
7	1369	23	59.52	59	57	7	5	23		1
8	1369	29	47.21	47	39	5	6	29		0
9	1369	31	44.16	43	39	5	7	31		0
10	1369	37	37.00	37	33	4	8	m		0
						93	36			11
						93	36			11

明細

計算 3の項目				
1	外倍個数の順			
2	空白			
3	各自外倍と計算する最大数	1369		
4	各自外倍			
5	3番と4番の割り算結果数	各自外倍における整数生成点の集計		
6	5番の整数となる修正後　外倍3だけ必要が無い	整数/奇数だけ　偶数と末桁数5の場合より小さい整数/奇数となる修正、		
7	6番の数値から3と整数で割切れる数値となる修正			外倍7と以降は必要
8	7番数値から3と整数で割切れる整数生成点の数の計		α1	外倍7と以降は必要
9	各自外倍自身数より以前に出現した小さい数の外倍の個数と		α2	外倍11と以降必要
10	9番計算時に照合する為各外倍			
11	保留			
12	前項に重なる整数生成点の数の計		α3	
			α4	
			α5	

計算 4

全体計算式

1	2	3	4	5	6	7
全体計算式	total	last 5	double counting			number fo primes
1	2	3	α1	α2	α345	
奇数正味個数	整数生成回転数	内倍の5g戻し数	重複計上	重複計上	重複計上	素数存在数
539.00	590	122	93	36	11	211.00

明細

計算 4 の項目			
1	奇数行の正味数		
2	各外倍による整数生成点の合計数	−	1の引き算
3	各外倍の内倍整数生成点中の末桁数5の行の数	＋	1に足し算
4	重複生成の$\alpha 1$	＋	1に足し算
5	重複生成の$\alpha 2$	＋	1に足し算
6	重複生成の$\alpha 345$	＋	1に足し算
7	素数存在数の正確な計算結果値		誤差の無い計算結果
		指定した数値範囲(21-1359)に素数が存在する精確な計算結果数値	

2 計算内容説明:

	項目		
① 計算の数値範囲		21-1369	
② 正味の奇数の行	計算1	539	
③ 外倍と各自内倍整数生成合計	計算2	590	minas
④ 内倍メモリ末桁数5の行数	計算3	122	plus
⑤ 重複計上種類	$\alpha 1$	93	plus
⑥ 重複計上種類	$\alpha 2$	36	plus
⑦ 重複計上種類	$\alpha 345$の計	11	plus
⑧（素数存在数）	実有数 ＝	211	real number

3 快速概算　（⑦番 α 345種の重複計上種類を省略した計算）

① 計算の数値範囲		21-1369	
② 正味の奇数の行	計算1	539	
③ 外倍と各自内倍整数生成合計	計算2	590	minas
④ 内倍メモリ末桁数5の行数	計算3	122	plus
⑤ 重複計上種類	α 1	93	plus
⑥ 重複計上種類	α 2	36	plus
⑦ 重複計上種類	α 345の計	0	plus
⑧ 素数最少存在数	=	200	

指定した数値（21-1369）内少なくとも存在する素数の数

4 素数存在の比例式：

α 種345省略の概算はより簡単且つ快速で指定数値範囲内の素数最少存在数を明らかに示す方法

① 素数実有存在数の比例	211/1369	分子/分母
② 概算利用の最少存在数比例	200/1369	分子/分母

六.　計算例

7)-1 計算例1）

指定範囲　　1-100迄

計算範囲　　21-99

1

計算　1

	計算　1									1
		100				奇の数	数値中5g		5gの行減	正味の奇
1	数値範囲	99	21	78	2	39	10	2	8	31
2	√値	11	整数修正							
3	外倍個数	3								

2

計算　2 3

		計算　2 3	initial magnitication			odd even				2	3
		整数生成と内5g		initial generrtion		separration	net odd			内倍生成TT	内倍5g
個数	外倍	外倍の各自 21開始	初回 外倍	初回 生成	正味 の行	奇偶 割り	正味 奇数	外倍	1次	整数修正 偶可/末5可	整数 回数
1	3	99	7	21	78	2	39	3	13.00	13	2
2	7	99	3	21	78	2	39	7	5.57	5	1
3	11	99	3	33	66	2	33	11	3.00	3	1
										21	4

3

計算 α 種（12345）

					α 1	α 2			α 345
計算 α 種（12345）			修正要	max開始					
重複の		最大値	偶不可	減3/6		之前素	max照合		
整数生成	外7		末5不可		非素	順番+1	之前素	α 有	素素
max計算	開始	修正前		非素9	外3と				之非

1	99	3	33.00	外3は0	との間	重複	0	0		0
2	99	7	14.14	13	9	1	0	7		0
3	99	11	9.00	9	9	1	1	11		0
						2	1			0
						2	1			0

4

全体計算式

全体計算式	total	last 5	double counting			number fo primes
1	2	3	α1	α2	α345	
正味の奇	整数生成 回転数	内倍の 5g戻し数	重複計上	重複計上	重複計上	素数の数 正味存在
31.00	21	4	2	1	0	17.00

5 計算内容説明:

	項目		
① 計算の数値範囲		21-99	
② 正味の奇数の行	計算1	31	
③ 外倍と各自内倍整数生成合計	計算2	21	minas
④ 内倍メモリ末桁数5の行数	計算3	4	plus
⑤ 重複計上種類	α1	2	plus
⑥ 重複計上種類	α2	1	plus
⑦ 重複計上種類	α345の計	0	plus
⑧ 素数存在数	実有数	17	real number

6 計算結果

計算範囲21-99の数値範囲内に素数の存在数が17あると言う誤差の無い計算である

7)-2 計算例2)

指定範囲　1-530迄

計算範囲　21-529

1

計算 1

計算 1									1
	530				奇の数	数値中5g		5gの行減	正味の奇
1 数値範囲	529	21	508	2	254	53	2	51	203
2 √値	23	整数修正							
3 外倍個数	7								

2

計算 2 3

		計算 2 3	initial magnitication			odd even				2	3
		整数生成と内5g		initial generrtion		separration	net odd			内倍生成TTL	内倍5g
個数	外倍	外倍の各自 21開始	初回 外倍	初回 生成	正味 の行	奇偶 割り	正味 奇数	外倍	1次	整数修正 偶可/末5可	整数 回数
1	3	529	7	21	508	2	254	3	84.67	84	17
2	7	529	3	21	508	2	254	7	36.29	36	8
3	11	529	3	33	496	2	248	11	22.55	22	5
4	13	529	3	39	490	2	245	13	18.85	18	4
5	17	529	3	51	478	2	239	17	14.06	14	3
6	19	529	3	57	472	2	236	19	12.42	12	3
7	23	529	3	69	460	2	230	23	10.00	10	2
										196	42

3

計算α種(12345)

	計算α種(12345) 重複の 整数生成 max計算	外7 開始	最大値 修正前	修正要 偶不可 末5不可 外3は0	max開始 減3/6 非素9 との間	α1 非素 外3と 重複	α2 之前素 順番+1	max照合 之前素	α有	α345 素素 之非
1	529	3	176.33				0	0		0
2	529	7	75.57	73	69	9	0	7		0
3	529	11	48.09	47	39	5	1	11		0
4	529	13	40.69	39	39	5	2	13		0
5	529	17	31.12	31	27	3	3	17		0
6	529	19	27.84	27	27	3	4	19		0
7	529	23	23.00	23	21	2	5	無し		0
						27	15			0
						27	15			0

4

全体計算式

全体計算式	total	last 5	double counting			number fo primes
1	2	3	α1	α2	α345	
正味の奇	整数生成 回転数	内倍の 5g戻し数	重複計上	重複計上	重複計上	素数の数 正味存在
203.00	196	42	27	15	0	91.00

5 計算内容説明:

	項目			
① 計算の数値範囲			21−529	
② 正味の奇数の行	計算1		203	
③ 外倍と各自内倍整数生成合計	計算2		196	minas
④ 内倍メモリ末桁数5の行数	計算3		42	plus
⑤ 重複計上種類	α1		27	plus
⑥ 重複計上種類	α2		15	plus
⑦ 重複計上種類	α345の計		0	plus
⑧ 素数存在数	**実有数**	＝	91	real number

6 計算結果
計算範囲21−529の数値範囲内に素数の存在数が91あると言う誤差の無い計算である

7)-3　計算例 3)

指定範囲　1-1370

計算範囲　21-1369

1

計算 1

計算 1									1
	1370				奇の数	数値中5g		5gの行減	正味の奇
1 数値範囲	1369	21	1348	2	674	137	2	135	539
2 √値	37	整数修正							
3 外倍個数	10								

2

計算 2 3

個数	外倍	計算 2 3 整数生成と内5g 外倍の各自 21開始	initial magnitication 初回 外倍	initial generrtion 初回 生成	正味 の行	odd even separration 奇偶 割り	net odd 正味 奇数	外倍	1次	2 内倍生成TT 整数修正 偶可/末5可	3 内倍5g 整数 回数
1	3	1369	7	21	1348	2	674	3	224.67	224	45
2	7	1369	3	21	1348	2	674	7	96.29	96	20
3	11	1369	3	33	1336	2	668	11	60.73	60	12
4	13	1369	3	39	1330	2	665	13	51.15	51	11
5	17	1369	3	51	1318	2	659	17	38.76	38	8
6	19	1369	3	57	1312	2	656	19	34.53	34	7
7	23	1369	3	69	1300	2	650	23	28.26	28	6
8	29	1369	3	87	1282	2	641	29	22.10	22	5
9	31	1369	3	93	1276	2	638	31	20.58	20	4
10	37	1369	3	111	1258	2	629	37	17.00	17	4
										590	122

3
計算α種(12345)

						α1	α2			α345
	計算α種(12345)			修正要	max開始					
	重複の		最大値	偶不可	減3/6		之前素	max照合		
	整数生成	外7		末5不可		非素	順番+1	之前素	α有	素素
	max計算	開始	修正前		非素9	外3と				之非
1	1369	3	456.33	外3は0	との間	重複	0	0		0
2	1369	7	195.57	193	189	25	0	7		0
3	1369	11	124.45	123	123	16	1	11		4
4	1369	13	105.31	103	99	13	2	13		3
5	1369	17	80.53	79	69	9	3	17		2
6	1369	19	72.05	71	69	9	4	19		1
7	1369	23	59.52	59	57	7	5	23		1
8	1369	29	47.21	47	39	5	6	29		0
9	1369	31	44.16	43	39	5	7	31		0
10	1369	37	37.00	37	33	4	8	m		0
						93	36			11
						93	36			11

4
全体計算式

全体計算式	total	last 5	double counting			number fo primes
1	2	3	α1	α2	α345	
奇数正味個数	整数生成 回転数	内倍の 5g戻し数	重複計上	重複計上	重複計上	素数 存在数
539.00	590	122	93	36	11	211.00

5 計算内容説明:　　　　項目

① 計算の数値範囲			21−1369	
② 正味の奇数の行	計算1		539	
③ 外倍と各自内倍整数生成合計	計算2		590	minas
④ 内倍メモリ末桁数5の行数	計算3		122	plus
⑤ 重複計上種類	α1		93	plus
⑥ 重複計上種類	α2		36	plus
⑦ 重複計上種類	α345の計		11	plus
⑧ 素数存在数	実有数	=	211	real number

6 計算結果
計算範囲21−1369の数値範囲内に素数の存在数が211あると言う誤差の無い計算である

---

7)−4　α345種の重複計算を省略した概算（快速計算利用）：

1 項目明細

① 計算の数値範囲			21−1369	
② 正味の奇数の行	計算1		539	
③ 外倍と各自内倍整数生成合計	計算2		590	minas
④ 内倍メモリ末桁数5の行数	計算3		122	plus
⑤ 重複計上種類	α1		93	plus
⑥ 重複計上種類	α2		36	plus
⑦ 重複計上種類	α345の計		0	plus
⑧ 素数最少存在数		=	200	

指定数値範囲内で最少存在数

2 素数存在の比例式

① 計算範囲内で素数実有数の比例　211/1369　分子/分母

② 計算範囲内で最少存在数の比例（概算利用　200/1369　分子/分母

解説：　α種345省略の概算はより簡単快速で計算範囲内の素数最少存在数を明らかに示す方法となる

備考欄

1 上記の計算式は精確に結果を出す計算式である

2 任意指定の数値範囲の場合も同じ計算原理で、精確結果が得られる

3 概算は任意指定数値範囲内の素数最少存在数を快速で明確に出す方法　（α345の計算と検証は若干面倒である）

4 比例式の表示と利用は数値範囲増毎に分子と分母が正の整数増となる為、素数が無限に存在する証明である

5 前項整数生成に重なる重複計上の種類

① 外倍3の整数生成に重なる全員	α1	外倍7と以降の場合　存在
② 外倍自身数より小さい前項の数	α2	外倍11と以降の場合　存在
③ 異なる外倍2数の相乗の値	α3	大小の順
④ 自身数の前項外倍数n次乗の値	α4	外倍11と以降の場合　存在
⑤ 自身数の前項外倍数n次乗の値x他の素数	α5	外倍11と以降の場合　存在

6 上記計算式、概算式、比例式はすべて縦リスト展開により判明された規則性に基づき、解明できた為、素数真相の証である

第 7 節総括：

一. 任意指定の数値範囲（計算範囲）内の素数存在数を正しく計算が出来る事は背景規則性に見られた真相の証でもある

二. 最少存在数概算は素数が無限に存在する証明に効率的利用が出来る

三. 個人パソコンと手作業能力の限界で可能な数値迄全て 100 刻み計算、検証も行った（計算例は成果の一部）

四. ビッグデータへの計算が出来なくて、且つ代数式の完璧完成も出来ていないことは残念な能力不足である

五. 初回発表文章の為、検証計算の方法と詳細説明は省略とする

[redacted]

第8節　リーマン予想課題が何故難題であるかの原因判明

副題：数値順の二重構成存在が原因である

8)-1　展開例数値範囲：11-841（29x29）

内倍の整数生成
非素数（リスト数値）
末桁数5の行(外/内）
素数確定（リスト数値）

（連続リストの背景が見易い為　内倍メモリの小数点部分を削除し　整数生成のブルー色とその規則的展開が目立つ整理）

		① 外倍個数																
		② 横向外倍	3		7		11		13		17		19		23		29	
③ リスト			下向		下向		下向		下向		下向		下向		下向		下向	
④ 数値順				内倍		内倍		内倍		内倍		内倍		内倍		内倍		内倍
11	prime																	
13																		
15				5														
17																		
19																		
21			3	7	7	3												
23																		
25																		
27			3	9														
29																		
31																		
33			3	11			11	3										
35					7	5												
37																		
39			3	13					13	3								
41																		
43																		
45			3	15														

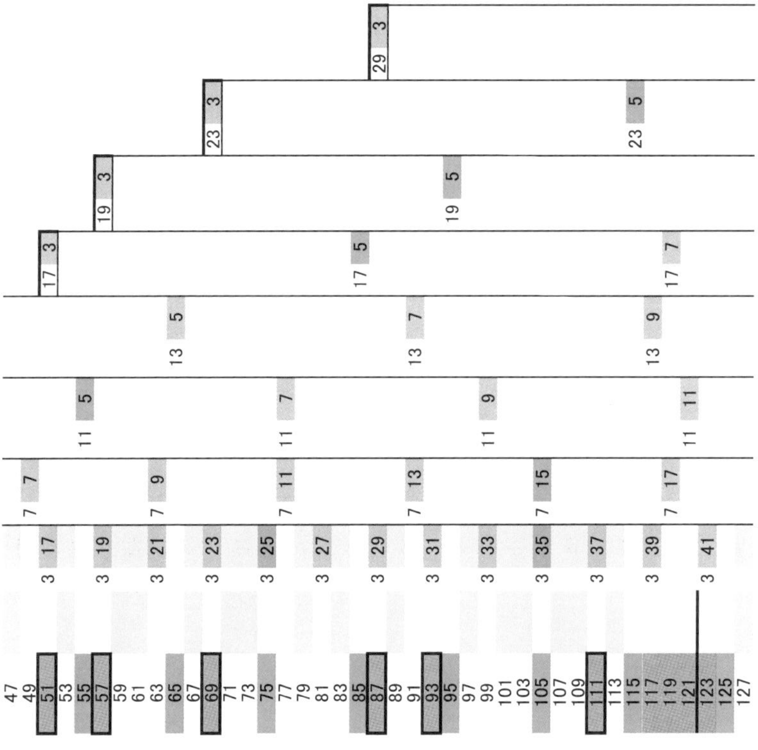

47 49 51 53 55 57 59 61 63 65 67 69 71 73 75 77 79 81 83 85 87 89 91 93 95 97 99 101 103 105 107 109 111 113 115 117 119 121 123 125 127
3 17
3 19
3 21
3 23
3 25
3 27
3 29
3 31
3 33
3 35
3 37
3 39
3 41
7 7
7 9
7 11
7 13
7 15
7 17
11 5
11 7
11 9
11 11
13 5
13 7
13 9
17 3
17 5
17 7
19 3
19 5
23 3
23 5
29 3

129	3 43							
131								
133		7 19				19 7		
135	3 45							
137								
139								
141	3 47							
143			11 13	13 11				
145								29 5
147	3 49	7 21						
149								
151								
153	3 51				17 9			
155								
157								
159	3 53							
161		7 23					23 7	
163								
165	3 55		11 15					
167								
169				13 13				
171	3 57					19 9		
173								
175		7 25						
177	3 59							
179								
181								
183	3 61							
185								
187			11 17		17 11			
189	3 63	7 27						
191								
193								
195	3 65			13 15				
197								
199								
201	3 67							
203		7 29						29 7
205								
207	3 69						23 9	
209			11 19			19 11		

211								
213	3 71							
215								
217		7 31						
219	3 73							
221				13 17	17 13			
223								
225	3 75							
227								
229								
231	3 77	7 33	11 21					
233								
235								
237	3 79							
239								
241								
243	3 81							
245		7 35						
247				13 19		19 13		
249	3 83							
251								
253			11 23				23 11	
255	3 85				17 15			
257								
259		7 37						
261	3 87							29 9
263								
265								
267	3 89							
269								
271								
273	3 91	7 39		13 21				
275			11 25					
277								
279	3 93							
281								
283								
285	3 95					19 15		
287		7 41						
289					17 17			
291	3 97							

293								
295								
297	3 99		11 27					
299				13 23			23 13	
301		7 43						
303	3 101							
305								
307								
309	3 103							
311								
313								
315	3 105	7 45						
317								
319			11 29					29 11
321	3 107							
323					17 19	19 17		
325				13 25				
327	3 109							
329		7 47						
331								
333	3 111							
335								
337								
339	3 113							
341			11 31					
343		7 49						
345	3 115						23 15	
347								
349								
351	3 117			13 27				
353								
355								
357	3 119	7 51			17 21			
359								
361						19 19		
363	3 121		11 33					
365								
367								
369	3 123							
371		7 53						
373								

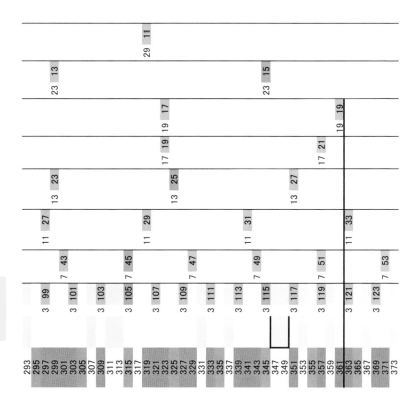

n	3	7	11	13	17	19	23	29
375	3 125							
377				13 29				29 13
379								
381	3 127							
383								
385		7 55	11 35					
387	3 129							
389								
391					17 23		23 17	
393	3 131							
395								
397								
399	3 133	7 57				19 21		
401								
403				13 31				
405	3 135							
407			11 37					
409								
411	3 137							
413		7 59						
415								
417	3 139							
419								
421								
423	3 141							
425					17 25			
427		7 61						
429	3 143		11 39	13 33				
431								
433								
435	3 145							29 15
437						19 23	23 19	
439								
441	3 147	7 63						
443								
445								
447	3 149							
449								
451			11 41					
453	3 151							
455		7 65		13 35				

	3	7	11	13	17	19	23	29
457								
459	3 153				17 27			
461								
463								
465	3 155							
467								
469		7 67						
471	3 157							
473			11 43					
475						19 25		
477	3 159							
479								
481				13 37				
483	3 161	7 69					23 21	
485								
487								
489	3 163							
491								
493					17 29			29 17
495	3 165		11 45					
497		7 71						
499								
501	3 167							
503								
505								
507	3 169			13 39				
509								
511		7 73						
513	3 171					19 27		
515								
517			11 47					
519	3 173							
521								
523								
525	3 175	7 75						
527					17 31			
529							23 23	
531	3 177							
533				13 41				
535								
537	3 179							

539		7 77	11 49					
541								
543	3 181							
545								
547								
549	3 183							
551						19 29		29 19
553		7 79						
555	3 185							
557								
559				13 43				
561	3 187		11 51		17 33			
563								
565								
567	3 189	7 81						
569								
571								
573	3 191							
575							23 25	
577								
579	3 193							
581		7 83						
583			11 53					
585	3 195			13 45				
587								
589						19 31		
591	3 197							
593								
595		7 85			17 35			
597	3 199							
599								
601								
603	3 201							
605			11 55					
607								
609	3 203	7 87						29 21
611				13 47				
613								
615	3 205							
617								
619								

621	3 207						23 27	
623		7 89						
625								
627	3 209		11 57			19 33		
629					17 37			
631								
633	3 211							
635								
637		7 91		13 49				
639	3 213							
641								
643								
645	3 215							
647								
649			11 59					
651	3 217	7 93						
653								
655								
657	3 219							
659								
661								
663	3 221			13 51	17 39			
665		7 95				19 35		
667							23 29	29 23
669	3 223							
671			11 61					
673								
675	3 225							
677								
679		7 97						
681	3 227							
683								
685								
687	3 229							
689				13 53				
691								
693	3 231	7 99	11 63					
695								
697					17 41			
699	3 233							
701								

703						19 37		
705	3 235							
707		7 101						
709								
711	3 237							
713							23 31	
715			11 65	13 55				
717	3 239							
719								
721		7 103						
723	3 241							
725								29 25
727								
729	3 243							
731					17 43			
733								
735	3 245	7 105						
737			11 67					
739								
741	3 247			13 57		19 39		
743								
745								
747	3 249							
749		7 107						
751								
753	3 251							
755								
757								
759	3 253		11 69				23 33	
761								
763		7 109						
765	3 255				17 45			
767				13 59				
769								
771	3 257							
773								
775								
777	3 259	7 111						
779						19 41		
781			11 71					
783	3 261							29 27

785								
787								
789	3 263							
791		7 113						
793				13 61				
795	3 265							
797								
799					17 47			
801	3 267							
803			11 73					
805		7 115					23 35	
807	3 269							
809								
811								
813	3 271							
815								
817						19 43		
819	3 273	7 117		13 63				
821								
823								
825	3 275		11 75					
827								
829								
831	3 277							
833		7 119			17 49			
835								
837	3 279							
839								
841								29 29
843	3 281							
845				13 65				
847		7 121	11 77					
849	3 283							
851							23 37	
853								
855	3 285					19 45		
857								
859								
861	3 287	7 123						
863								
865								

867	3 289				17 51			
869			11 79					
871				13 67				
873	3 291							
875		7 125						
877								
879	3 293							
881								
883								
885	3 295							
887								
889		7 127						
891	3 297		11 81					
893						19 47		
895								
897	3 299			13 69			23 39	
899								29 31
901					17 53			
903	3 301	7 129						
905								
907								
909	3 303							
911								
913			11 83					
915	3 305							
917		7 131						
919								
921	3 307							
923				13 71				
925								
927	3 309							
929								
931		7 133				19 49		
933	3 311							
935			11 85		17 55			
937								
939	3 313							
941								
943							23 41	
945	3 315	7 135						
947								

949				13 73				
951	3 317							
953								
955								
957	3 319		11 87					29 33
959		7 137						
961								
963	3 321							
965								
967								
969	3 323				17 57	19 51		
971								
973		7 139						
975	3 325			13 75				
977								
979			11 89					
981	3 327							
983								
985								
987	3 329	7 141						
989							23 43	
991								
993	3 331							
995								
997								
999	3 333							
1001		7 143	11 91	13 77				
1003					17 59			
1005	3 335							
1007						19 53		
1009								
1011	3 337							
1013								
1015		7 145						29 35
1017	3 339							
1019								
1021								
1023	3 341		11 93					
1025								
1027				13 79				
1029	3 343	7 147						

1031								
1033								
1035	3 345						23 45	
1037					17 61			
1039								
1041	3 347							
1043		7 149						
1045			11 95			19 55		
1047	3 349							
1049								
1051								
1053	3 351			13 81				
1055								
1057		7 151						
1059	3 353							
1061								
1063								
1065	3 355							
1067			11 97					
1069								
1071	3 357	7 153			17 63			
1073								29 37
1075								
1077	3 359							
1079				13 83				
1081							23 47	
1083	3 361					19 57		
1085		7 155						
1087								
1089	3 363		11 99					
1091								
1093								
1095	3 365							
1097								
1099		7 157						
1101	3 367							
1103								
1105				13 85	17 65			
1107	3 369							
1109								
1111			11 101					

1113	3 371	7 159						
1115								
1117								
1119	3 373							
1121						19 59		
1123								
1125	3 375							
1127		7 161					23 49	
1129								
1131	3 377			13 87				29 39
1133			11 103					
1135								
1137	3 379							
1139					17 67			
1141		7 163						
1143	3 381							
1145								
1147								
1149	3 383							
1151								
1153								
1155	3 385	7 165	11 105					
1157				13 89				
1159						19 61		
1161	3 387							
1163								
1165								
1167	3 389							
1169		7 167						
1171								
1173	3 391				17 69		23 51	
1175								
1177			11 107					
1179	3 393							
1181								
1183		7 169		13 91				
1185	3 395							
1187								
1189								29 41
1191	3 397							
1193								

1195								
1197	3 399	7 171				19 63		
1199			11 109					
1201								
1203	3 401							
1205								
1207					17 71			
1209	3 403			13 93				
1211		7 173						
1213								
1215	3 405							
1217								
1219							23 53	
1221	3 407		11 111					
1223								
1225		7 175						
1227	3 409							
1229								
1231								
1233	3 411							
1235				13 95		19 65		
1237								
1239	3 413	7 177						
1241					17 73			
1243			11 113					
1245	3 415							
1247								29 43
1249								
1251	3 417							
1253		7 179						
1255								
1257	3 419							
1259								
1261				13 97				
1263	3 421							
1265			11 115				23 55	
1267		7 181						
1269	3 423							
1271								
1273						19 67		
1275	3 425				17 75			

1277								
1279								
1281	3 427	7 183						
1283								
1285								
1287	3 429		11 117	13 99				
1289								
1291								
1293	3 431							
1295		7 185						
1297								
1299	3 433							
1301								
1303								
1305	3 435							29 45
1307								
1309		7 187	11 119		17 77			
1311	3 437					19 69	23 57	
1313				13 101				
1315								
1317	3 439							
1319								
1321								
1323	3 441	7 189						
1325								
1327								
1329	3 443							
1331			11 121					
1333								
1335	3 445							
1337		7 191						
1339				13 103				
1341	3 447							
1343					17 79			
1345								
1347	3 449							
1349						19 71		
1351		7 193						
1353	3 451		11 123					
1355								
1357							23 59	

1359	3	453								
1361										
1363									29	47
1365	3	455	7	195		13	105			
1367										
1369										

…
…
以下は指定したい最大数値迄続き、同様事象展開である

8)-2　**リスト数値には2種類の構成が見られた**

1 **表面構成：　前項数値に毎回＋2ずつで延びる数値順である**

① 505-561迄数値順の例

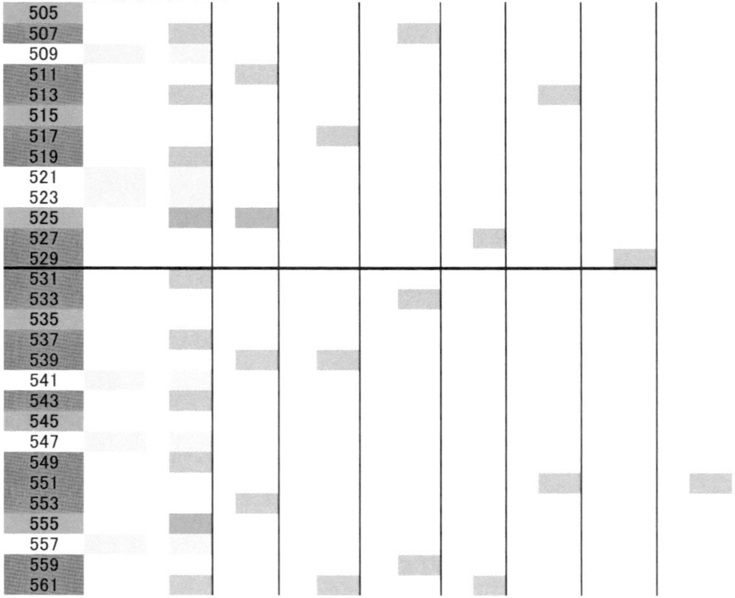

② 上記505－561は全員前項に＋2の増加で、完全な奇数順となり、
数値順の表面構成である

2 背景構成： リスト数値背景の整数生成点の順整理による奇数順であり 所定数値の欠が出現する不完全な数値順である

① 505−561迄数値順の例

数値	欠の出現	3	7	11	13	17	19	23	29
505									
507		3 169			13 39				
	509								
511			7 73						
513		3 171					19 27		
515									
517				11 47					
519		3 173							
	521								
	523								
525		3 175	7 75						
527						17 31			
529								23 23	
531		3 177							
533					13 41				
535									
537		3 179							
539			7 77	11 49					
	541								
543		3 181							
545									
	547								
549		3 183							
551							19 29		29 19
553			7 79						
555		3 185							
	557								
559					13 43				
561		3 187		11 51		17 33			

② 数値背景の整数生成点による奇数順は不完全な数値順となるが、背景構成である

③（黄色い表示の数は欠の所定値で素数である）

8)-3　リスト数値順には表面構成と背景構成が存在する判明

8)-4　背景構成に欠の所定数値出現は素数の出現である（末桁数5は除く）

8)-5　素数/非素数の区別は背景構成/表面構成の違いによる理解となる

8)-6　リーマン予想を含む多く計算課題は表面構成による展開であり難題となる

8)-7　素数関連計算課題は背景構成における配列組合せ課題である見解

第 8 節総括：

一．リーマン予想は 150 年以上も続く有名な難題であるが、原因判明となれば、解決可能となる

二．リスト数値順の二重構成とこれら違いの判明により、素数計算課題に於いて何故難題が多いかは理解される

第9節　ルジャンドル予想等4大課題の証明

副題：　課題は4つあるが、同一原理の元にある

9)−1　4つ課題とは

1 素数が無限に存在するか

2 既知最大素数に＋数値増しても未知/新/大素数が存在するか

3 何故数値増に伴い、素数存在数が希薄に見られていくか

4 ルジャンドル予想　（ルジャンドル予想は4つ課題の中で一番易しい為、4番目に書く）

9)−2　《素数出現率》と3項データ比例変化特性により、4つ課題の証明（計算）が容易に解決される

特性の引用　5)−1

5)−2/1

5)−5

5)−6/2

9)-3　課題証明（条件と結論）

1 **課題1**

素数が無限に存在するか

条件：

① 任意指定の大きい数値を最大数として　maxN と記す

② SDが連動確定される　（maxNの√値を左への整数/素数となる修正）

③ KSも連動確定される

④ maxNに対し、SDの数値を足し、新/最大数となり　　newPlusと記す

⑤ 素数出現率に基づく計算で新規追加のSD数値巾内（newPlus − maxN = SD数値）に素数が100%存在する

結論：　**上記①から⑤迄の数値増追加方法と新たなKS/SD比例の増数変更が無限に続けられる為素数が無限に存在する証明となる**

2 **課題2**

既知最大素数に＋数値増しても未知/新/大素数が存在するか

条件：

① 既知最大素数を　maxN　と記す

② maxN√値を左へ整数/素数となるよう修正し、SDとする

③ KSも連動確定される

④ maxNに対し、SDの数値を足し、新/最大数となり　newPlusと記す

⑤ 素数出現率に基づく計算で新規追加のSD数値巾内（newPlus − maxN = SD数値）に素数が100%存在する

結論：　上記①−⑤迄の数値増追加方法と新たなKS/SD比例の増数変更が無限に続けられる為
新規増加のSD数値範囲内に素数が無限に存在する証明となる

3 課題3

数値増に伴い、素数存在数が何故希薄に見られていくか

条件：

① 比例数1　　KS/SD

② 比例数2　　KS/N

③ 比例数3　　KS/SD　/　N

④ N　＞　SD　＞　KS　　3)−6と3)−10をご参照

⑤ 分母のN増に対してKS/SD二数の比例率が低下傾向となる

結論：　数値範囲増に伴い、素数存在の絶対数が増えるが、最大範囲における出現率が低下する為、
素数の存在が希薄傾向に見られる

4 **課題4**　　　　（ルジャンドル予想は一番易しい為、4番目に書く）

ルジャンドル予想

ルジャンドル予想の定義

任意の自然数nについて　nの平方値と（n＋1）の平方値の間には必ず素数が存在する

条件：

① nの√値を計算し、左への素数となる修正する

② nに伴うSDとKSが連結確定される

③ KS/SD比例の判明で　nに伴う素数出現率となる

④ n＋1の平方数とnの平方数の差はn＋n＋1となり、　SD数値より遥かに大きい数である

⑤ 定義により（n＋1）が以下3つ可能性のいずれの場合でも　nに伴う素数出現率が維持される

（n＋1）は　偶数となる
（n＋1）は　素数でない奇数となる
（n＋1）は　素数となる

結論：　上記①‐⑤により、n＋n＋1数値範囲には素数が100%存在する為　ルジャンドル予想が成立つ

第９節総括：

一. ルジャンドル予想を含む４つ課題は同様原理の元にある

二. ルジャンドル予想が４つ課題の中で一番易しいと言う理由はｎとｎ＋１の２数平方値の間数値に適用するKS/SDの二数比例率が同一の為である

三. ルジャンドル予想の課題証明を通じて、有効外倍（素数）とそうでない（素数でない奇数）場合の区別の重要性が理解される

第10節　究極チャレンジ

副題：真相判明による新規課題(3つ)へのチャレンジ提案

10)-1　チャレンジ課題の1：

既知最大素数に次ぐ新/未知最大素数を見つける

(既知最大素数は2の8258万次乗-1の数値であり(ネット検索で2018年時点) 約2500万弱桁の莫大数値)

1 条件纏めの手順：

① 既知最大素数(2の8258万次乗-1)を最大数とする (maxNと記す)

② maxNの√値を計算し 小数点を左へ整数/素数となる様修正をし maxNが持つSDの確定となる

③ SD確定により KSも連動確定となり、 KS/SDの比例式も明らかになる

④ maxNに対しSD数を足し、数値範囲の新規増となり、SD数に固定された新/大リスト数値が明らかになる
(newPlus と記す)　newPlus ＝ maxN ＋ SD

⑤ SD巾内の位置計算を行い、整数生成点照合結果のゼロ位置の数値が素数である
(計算例の3)-11をご参照下さい)

⑥ 素数出現率の利用で新規増加のSD巾内に素数が必ず存在し且つ複数の存在である

2 各数値の変化と分析を見る (計算手順による)

① SD数の桁数は一気に1250万弱となる (約2500万の半数となる)

② SD数はmaxNの極小割合相当の数値となる
(正確な計算が出来ていないが、下記の集計と割合の変化を見れば予測可能である)

次の比例数変化を見れば、明らかである

総計数 ①の2次の乗	①		割合
100	10	10	0.1
10,000	100	100	0.01
1,000,000	1000	1000	0.001
100,000,000	10000	10000	0.0001
・・・	・・・	・・・	・・・
2500万桁数	約2500万の半数		極小割合

③ KSはSDより遥かに小さい数値となる

（約1250万弱桁数のSDと連動確定のKSはどの数値になるか正確な計算が出来ていないが下記の集計と比例の変化を見れば予測が出来る）

KS数	SD数	SD桁数	比例
10	37	2	0.2703
50	239	3	0.2092
100	557	3	0.1795
500	3,583	4	0.1395
1,000	7,933	4	0.1261
5,000	48,623	5	0.1028
10,000	104,759	6	0.0955
50,000	611,969	6	0.0817
・・・	・・・	・・・	・・・
SDの極小数値	SD数	約1250万弱	極小比例

④ newPlusは明記される　（newPlus ＝ maxN ＋ SD）

⑤ SD位置に固定されたリスト数値は全てmaxNより大きい数値となる
（maxN＋2のリスト数値から始まり、SDと同数の項がある）

⑥ 素数出現率により、SD巾内において　新/未知最大素数が複数存在する事は容易に判明される

⑦ SDに次ぐSD1、SD2・・・も連動判明となる為　各数の平方数値差の数値範囲内に存在する新/最大素数への探検も益々気楽になる（一度に複数の素数存在を見つけられる）

SD1	xSD1	=	maxN1
SD2	xSD2	=	maxN2
SD3	XSD3	=	maxN3
・・・	・・・		・・・

⑧ 双子素数の分布計算は正真正銘の配列組合せ課題であり、究極チャレンジの面白い課題となる（SD巾内で2連続のゼロ位置（末桁数5を除く）の出現率計算はやや難しい）

3 簡単予測（変化と分析のまとめ）

10)−2　チャレンジ課題の2：
maxN平方数とmaxN2平方数の間に存在する全部素数を見つける

1 関連項目と条件整理
① SD1は前項SDに次ぐ次項素数である

② SDの平方数はmaxNである　　maxN　SD　KS

③ SD1の平方数はmaxN1である　　maxN1　SD1　KS1

④ SD1平方数とSD平方数の数値差の範囲内に存在する素数本格計算においては　KS/SD利用となる

⑤ maxNによるKS/SDの本格計算の適用数値範囲　　SD平方数＋2　―　SD1平方数の数値範囲である

2 上記条件に基づき　莫大数値範囲内の新/未知最大素数（複数）もKS/SD利用で軽量計算が可能となる

10)−3　チャレンジ課題の3:
《素数出現率》に基づく双子素数形成と分布を求める計算式の完璧完成

備考欄

1 チャレンジ課題の2はKS/SD二数比例による一度に複数の素数存在数を計算する事であり、
第6節の6)−2、第3節の3)−3に基づき、簡単に計算される
SD数値-①-②-③-④＝SD巾内素数の正味存在数（末桁数5を含まない）
但し④の項において重複整数生成があれば全数を1と見なす

3 チャレンジ課題の1と2に関する3項データによる極小数値に変わる変化例は添付リストをご参照下さい

第10節の添付　極小数値に変わる変化例

	3から数える	2と5を含まない					比例1	比例2
	KS数	SD数値		SD桁数	最大数値 N	備考	KS/SD	SD/N
	10	37	37	2	1,369	SDの平方数	0.2703	0.02702703
	11	41	41	2	1,681		0.2683	0.02439024
	12	43	43	2	1,849		0.2791	0.02325581
	13	47	47	2	2,209		0.2766	0.02127660
	14	53	53	2	2,809		0.2642	0.01886792
	15	59	59	2	3,481		0.2542	0.01694915
	16	61	61	2	3,721		0.2623	0.01639344
	17	67	67	2	4,489		0.2537	0.01492537
	18	71	71	2	5,041		0.2535	0.01408451
	19	73	73	2	5,329		0.2603	0.01369863
	20	79	79	2	6,241		0.2532	0.01265823
	50	239	239	3	57,121		0.2092	0.00418410
	100	557	557	3	310,249		0.1795	0.00179533
	500	3,583	3,583	4	12,837,889		0.1395	0.00027910
	1,000	7,933	7,933	4	62,932,489		0.1261	0.00012606
	5,000	48,623	48,623	5	2,364,196,129		0.1028	0.00002057
	10,000	104,759	104,759	6	10,974,448,081		0.0955	0.00000955
	50,000	611,969	611,969	6	374,506,056,961		0.0817	0.00000163
	…	…		…	…		…	…
最大数	SDの極小数値	SD		約1250万弱	maxN 約2500万弱桁数値	既知最大素数	極小数値	極小比例
		SD			maxN+2	既知最大素数＋2	極小数値	極小比例
有効範囲の増	SDの極小数値	SD次項素数			SD次項素数の2次乗		極小数値	極小比例

結論：　SD次項素数の平方値とSDの平方値の間に必ず複数の新/未知最大素数が存在する

（SDは既知最大素数（2の約2500万次乗後減1）の√値（左へ整数となる）修正後奇数/素数）

第 10 節総括：

一. 次の新/未知/最大素数を見つける課題は常に素数学問の中で最も重要で且つ時間の苦労も大変掛かる事で有名であるが、《素数出現率》判明により大幅な時間短縮と同時に複数の素数探しが確実に実現される事を迎える

二. 《素数出現率》による双子素数計算式の完成となれば、リーマン予想課題を完結に纏められる期待に繋がる

三. 背景規則性判明による新規課題チャレンジはオープン参加の実現となれば、素数学問が益々楽しくなる

後書きとご協力お願いについて

2023 年 7 月記

初回公開文章は第 1 節—第 10 節迄もあるが、論文目線ではなく、また書けた内容には未完成の部があります

一.　　未完成の部（個人能力不足の為）

1）数式、計算式の完璧完成（無限大へ続く超大数値をカバーする）

2）個人作業能力では出来ない超大数値をカバーする計算と検証計算の実行

二.　未公開他課題

１）リーマン予想課題

（難題原因判明ができた為、同様思考で課題を纏める解決が可能）

２）ゴールドバッハ予想課題

（理論解明は 100%出来た、計算式まとめが未完成）

３）コラッツ予想課題

（理論解明は100%出来た、計算式まとめが未完成）

（コラッツ予想は素数課題とは直接関連がないが共通原理がある為）

三. 今後とお願い

素数学問は余りにも長期で有名である為チーム結成したい思いです。　上記未完成部に解明済内容と未公開内容（此れ迄偏差修正思考、研究経緯等）を含め、全て共有し、チームで完成して行きたいお願いです

本文をお読み頂き、一定評価を頂ける前提でご協力可能な方々と一緒にチーム結成し、次ステップに進む事を切に望んでおります

ご閲覧頂き誠にありがとうございます

謹上

ご協力検討連絡

Twitter ユーザー名：素数真相解明（個別メール）

@sosuushinsou

素数真相解明

発　行　日　2023 年 10 月 6 日　初版第 1 刷発行

著　　　者　サイ ヤスシ

発　売　元　株式会社 星雲社（共同出版社・流通責任出版社）

〒 112-0005

東京都文京区水道 1-3-30

TEL03-3868-3275　FAX03-3868-6588

発　行　所　銀河書籍

〒 590-0965

大阪府堺市堺区南旅篭町東 4-1-1

TEL 072-350-3866　FAX 072-350-3083

印　刷　所　有限会社ニシダ印刷製本

ISBN978-4-434-32788-9　C0041